谨以此书献给第十九届国际植物学大会

深圳市城市管理局　深圳市林业局 主编

深圳出版社

序

国际植物学大会是全球植物科学领域规模最大、水平最高、影响最广的国际会议，被誉为全球植物科学的“奥林匹克”。在 2011 年 7 月得知中国争得第十九届国际植物学大会举办权时，我激动的心情难以言表。这是中国几代植物科学工作者的梦想，是首次在中国，也是首次在发展中国家举办的国际植物学大会。作为时任中国植物学会理事长，我有幸见证了中国植物学会和深圳市政府为成功申办这届国际植物学大会而付出的努力。

深圳是中国最年轻、最具创新性的城市，是国家园林城市和全国绿化模范城市。深圳自 20 世纪 80 年代初起即开展全市野生植物家底调查工作。随着城市生态文明建设的不断推进，深圳的植物研究日益兴盛。为大力推进植物科学研究及相关生物产业在深圳的发展，深圳市政府与中国植物学会精诚合作，开展国际植物学大会的申办工作，并在申办成功后成立国际植物学大会筹备办，与中国植物学会一起为办好大会共同努力。

国际植物学大会承载着汇聚国际植物研究的最新成果、促进国际交流与合作、探讨影响环境和植物科学发展的全球性问题以及传播植物科学知识等重要功能。《草木深圳》一书就是为完成传播植物科学知识这一使命而形成的。本书分为郊野篇和都市篇两本，为读者精选了深圳常见的野生植物和园林栽培植物各 160 种进行详细解读。为便于读者阅读，全书没有采用经典的植物分类系统进行撰写，而是以花的颜色作为检索方式，方便读者快速查询植物信息。本书开篇以手绘图直观地对植物形态术语进行说明，以引导读者快速入门。全书文字通俗易懂，图片丰富精美，堪称科普佳作。

第十九届国际植物学大会举行在即，希望本书的出版能为与会代表快速了解深圳植物提供方便，同时为满足公众对深圳常见植被的认知需求提供帮助。

最后，衷心祝愿本次大会取得圆满成功。

洪德元

第十九届国际植物学大会名誉主席
中国植物学会名誉理事长
中国科学院院士

致读者

如何编一本帮助普通人认识生活中常见植物的工具书，是世界范围内植物科学研究群体面对的难题。一方面是由于植物的复杂性，更重要的一方面是由于植物分类学发展的现状和水平。高等植物有近 40 万物种，一个植物分类学专家的研究范围通常只有数十种或数百种，很少能达到上千种；研究相同或相近植物的专家组成小团体，建立发展一类植物的知识体系；分类学家大多数的工作时间是在植物标本馆观察植物的蜡叶标本，并基于这种观察建立知识体系编辑植物志类书。这类植物志书出版得非常多，但并不适合普通读者使用。本书的编写团队向第十九届国际植物学大会深圳筹备团队的人员透露了一个计划，要学习国外做法，编写适合普通读者认识深圳常见植物的工具书。筹备团队的专业人员意识到这个计划面临的学术困难，但是认同这个方向，同意结合双方人员的优势，合作创作这本书。在这里我们想对本书中的一些安排做简要说明，以帮助读者理解其中的道理，并有利于读者理解和接受本书的体系，更好地帮助读者认识常见的植物。

植物工具书通常把植物检索表和描述安排在不同部分。这种安排要求读者会用检索表查找目标植物，所以，并不适合普通读者。因为检索表中所用的词汇，并不是日常生活中的词汇，如果未进行系统学习是无法了解它们的含义的。即使是生活中的词汇，在检索表里也有特殊含义，也需要专门学习。本书把检索表同植物的描述结合起来，检索只用了两个系列的性状。一个是按花的颜色：白、橙、红、黄、紫红、紫蓝和其他情况（没有花或者花不易观察）；另一个是按植物的茎的形状来分类：乔木、灌木、草本、藤本。由于环境中水分的供应能力是渐变的，植物的生活习性也有过渡类型，给确定植物的习性类型造成一定困难。例如植物学上的小乔木同大型灌木不易区分；藤状灌木既有藤本属性，也有灌木属性，很难判断到底是藤本还是灌木。凡此种种，都给使用本书查找目标植物带来一定困难。确定花的颜色时，会遇到一朵花上出现不同颜色或逐渐变化的颜色或同一株植物上有不同颜色的花的问题。我们的建议是要看花的主要颜色，忽略细节变化。此外，考虑到有植物基础的朋友们的检索要求，本书在描述方面仍保留了植物志书里的惯用描述，可能普通读者理解起来有些晦涩，请读者谅解。此外，本书被子植物部分是按照最新的APG Ⅳ系统进行分科的，与国际接轨。

最后，我们想再一次强调，认识了解生活中常见植物的重要性。我们的时代给了名利太多的关注，如果一件事情不关名利，要说明它的重要性就不太容易。认识生活中常见的植物和名利没有太大关系，但和一个人的精神世界有重要关系。如果我们不认识常见的植物，这些植物就会在我们的精神活动中形成盲区；精神中过多的盲区会妨碍我们的精神活动，使我们的思绪不得流畅。知识就是精神世界的光明，在明亮的精神世界里，我们的思想更为自由。所以，任何人都需要各种知识让自己的精神世界更明亮、更广阔、更自由。而关于植物的知识只是每个人需要的各种知识中一个不可或缺的知识领域而已。我们期待本书能为更多的读者带来一些精神世界的光明。

《草木深圳》主创团队

二〇一七年二月

如何使用本书

本书详细介绍了160种常见园林植物，以花的颜色为一级分类，以乔灌草藤类型为二级分类，每种植物包括中文名、拉丁学名、别名、科属、乔灌草藤类型、生态环境与分布、花期、果期共八项基本信息，还有不同角度的照片、植物形态特征及相关信息的描述，方便读者快速检索与了解每种植物。

植物类型

乔木

灌木

草本

藤本

中文名称

美丽异木棉

拉丁学名

Ceiba speciosa (A.St.-Hil.) Ravenna

花期

1 2 3 4 5 6 7 8 9 10 11 12

植物的花期

数字表示月份，白色花里白色色块表示花期月份，其余颜色的花加深的色块表示花期月份。

美丽异木棉的花

美丽异木棉的果实

别名：美人树、丝木棉

科属：锦葵科吉贝属

类型：乔木

生态环境及分布：

原产于南美洲，世界热带地区常见栽培，现深圳大量栽培作为园林观赏树。

果期：3月~5月

花色：淡紫红色

果实形态：蒴果椭圆形

美丽异木棉的树干

资讯栏

说明植物的别名、科属、类型、生存环境、原产地及花的颜色和果实的形态，以便读者查询。

177 草木深圳 Shenzhen Common Plants

美丽异木棉的植株

植物的形态描述和其他介绍。

落叶大乔木，高 10~15 米，树干下部膨大，幼树树皮浓绿色，密生圆锥状皮刺，侧枝放射状水平伸展或斜向上伸展。掌状复叶有小片 5~9 片；叶柄 4~12 厘米，无毛；小叶坚纸质，椭圆状，长 12~14 厘米，边缘有锯齿，两面无毛。花单生或 2~3 朵簇生在枝顶叶腋，花冠淡紫红色，中心白色；花瓣 5 枚，反卷。蒴果椭圆形，种子黑色，藏于白色绵毛中。

中国南方城市作为园林观赏树引入。深圳很多地方如莲花山公园和中心公园有比较大规模种植，每年秋末冬初盛开，花色艳丽，绯红如一片彩霞。

美丽异木棉跟豆科的红花羊蹄甲（*Bauhinia* × *blakeana* Dunn）花色相似，人们常常误认为是红花羊蹄甲，其实，两者从叶型或树干外部特征等来看，相差甚远。

检索顺序

第一步：判断花色

白 色 〉 橙 色 〉 红 色 〉 黄 色 〉 紫红色 〉 紫蓝色 〉 观叶观果

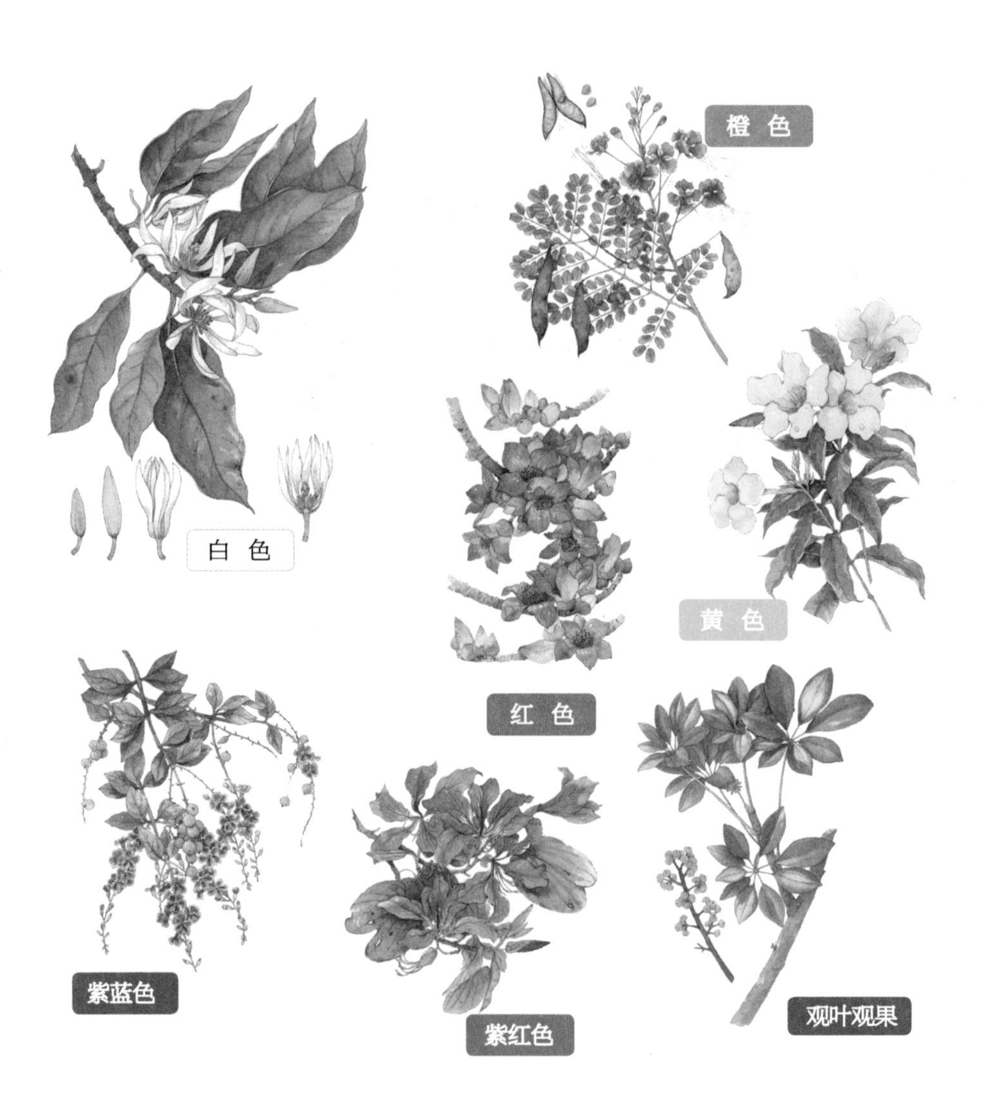

第二步：分类顺序

乔 木 〉 灌 木 〉 草 本 〉 藤 本

乔 木：植株一般高大，主干显著而直立，在距离地面较高处的主干顶端，由繁盛分枝形成广阔树冠的木本植物，如白兰、松、柏等。

灌 木：植株较为矮小，无明显主干，近地面处枝干丛生的木本植物，如木槿、南天竹、茶等。

草 本：茎内木质部不发达，木质化组织较少，茎干柔软，植株矮小的植物，如薄荷、鸢尾等。

藤 本：茎干细长不能直立，匍匐地面或攀附他物而生长的植物，统称为藤本植物，如牵牛、茑萝、葡萄、紫藤等。需要注意的是，有一部分植物属于藤状灌木，为方便读者检索，在本书中将其归为藤本。

常用植物术语图解

花的基础知识

花的结构　花是种子植物进行有性繁殖的主要器官。

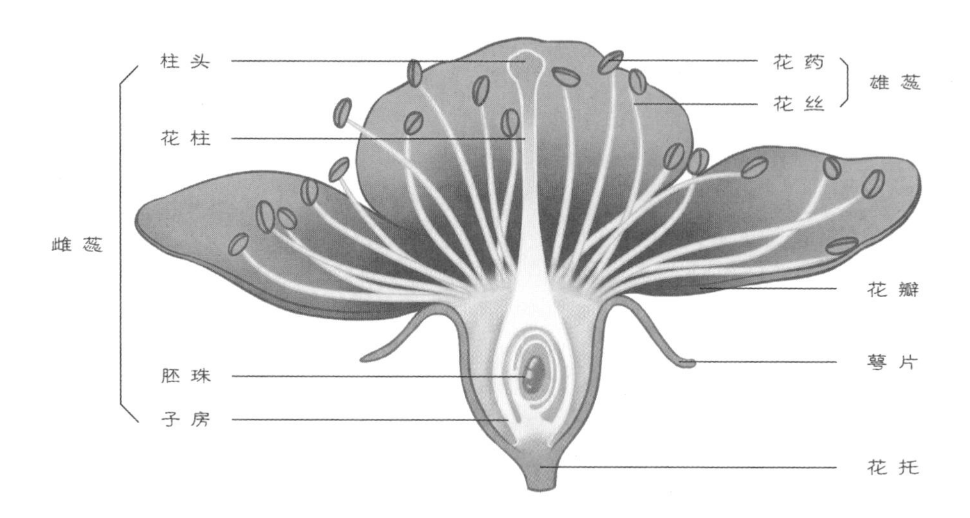

雄 蕊：花的雄性生殖器官，由花药和花丝组成。

雌 蕊：花的雌性生殖器官，典型的由柱头、花柱和子房组成。

花 瓣：花冠的单个裂片或部分。

花 托：着生花部器官的花梗部分。

花序类型　若干朵花按一定次序和形式着生于共同的花序轴上就构成了花序。

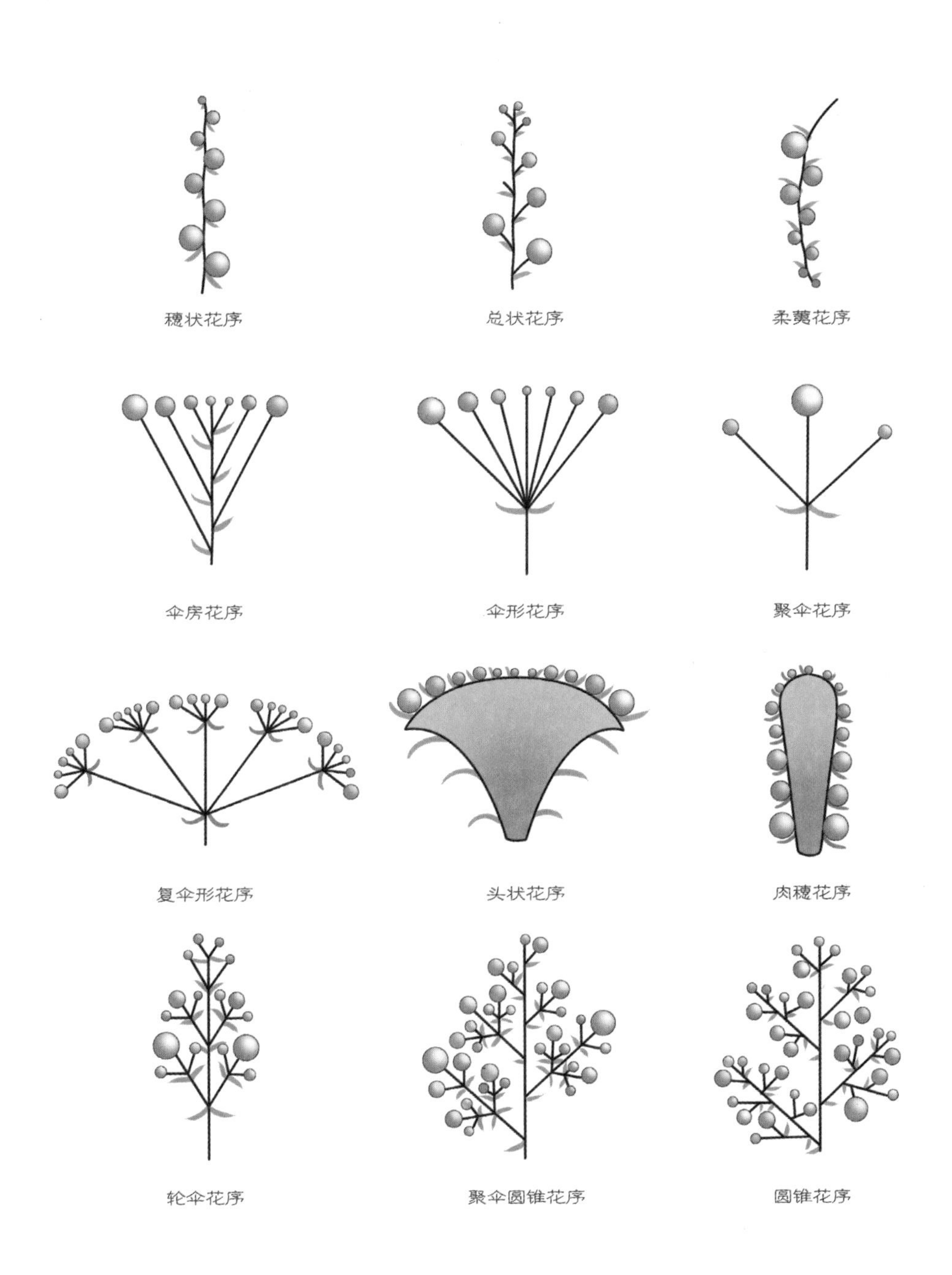

叶的基础知识

叶的结构　叶是植物进行光合作用、制造养料、进行气体交换和水分蒸腾的重要器官。

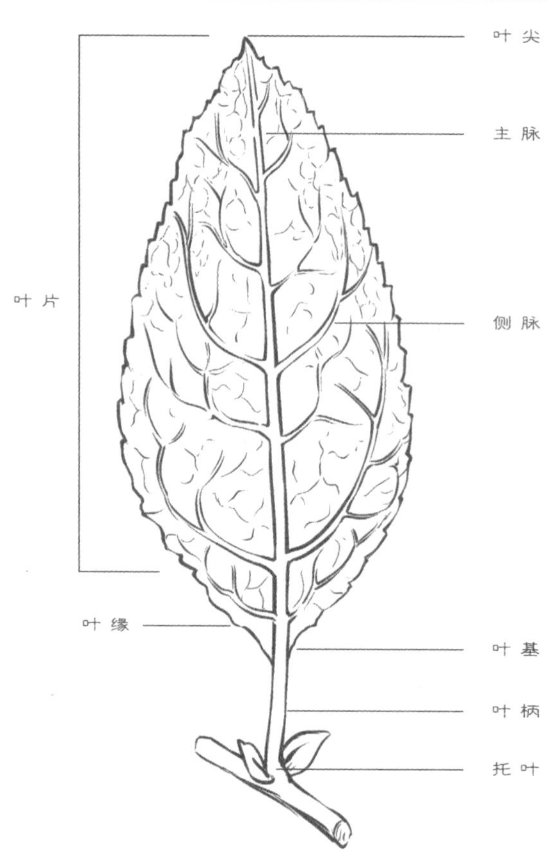

叶 尖：距叶着生点最远的位点。

叶 缘：叶片的边缘。

叶 柄：叶的柄。

托 叶：某些叶柄基部成对的叶状附属物。

主 脉：网状脉的叶片中，叶片中央自叶柄至叶端的一条茎脉。

侧 脉：网状脉的叶片中，从主脉分出的叶脉。

叶 基：叶片的基部。

叶型 **按照同一个叶柄生长的叶子数目来分类。**

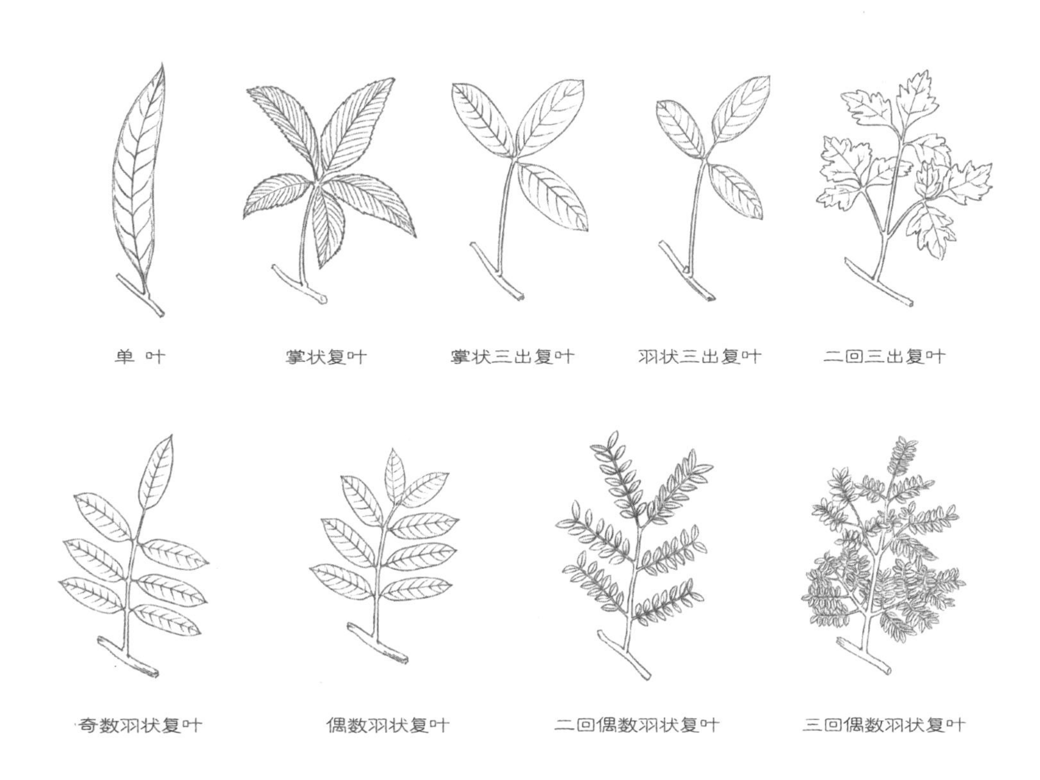

叶序 **叶在茎上排列的方式称为叶序。**

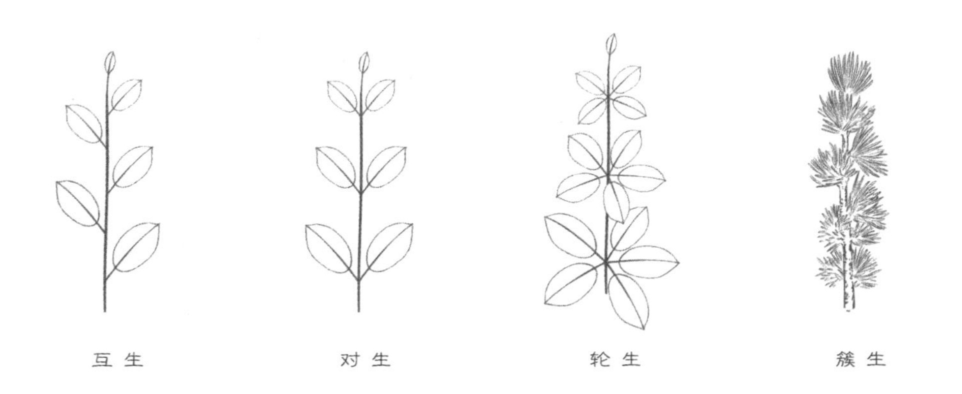

叶形 叶的形状，即叶片的轮廓。

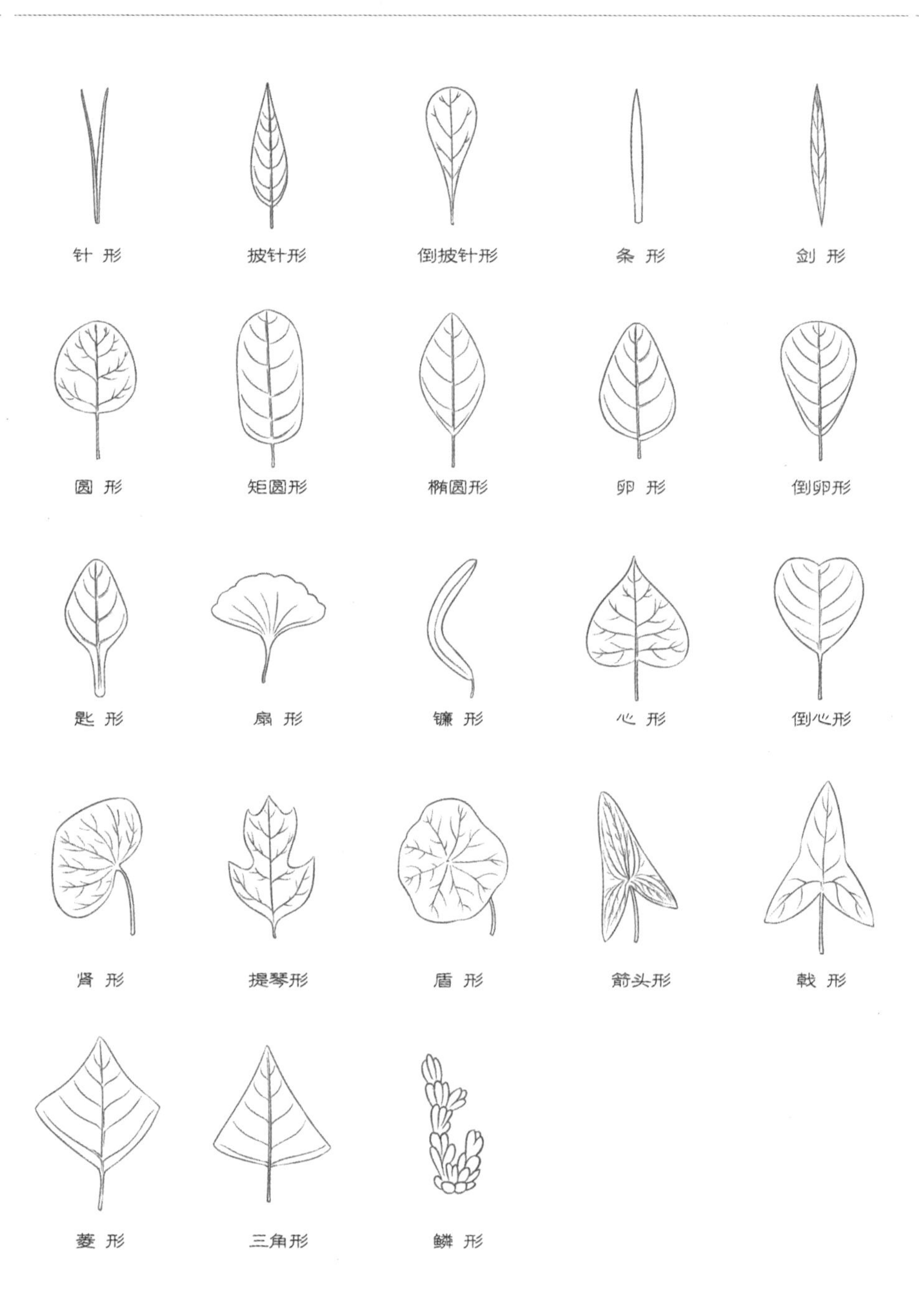

叶缘 **按叶片边缘的形状和分裂的程度来分类。**

果的基础知识

果实类型 果实是被子植物的雌蕊经过传粉受精由子房或花的其他部分参与发育而成的器官。

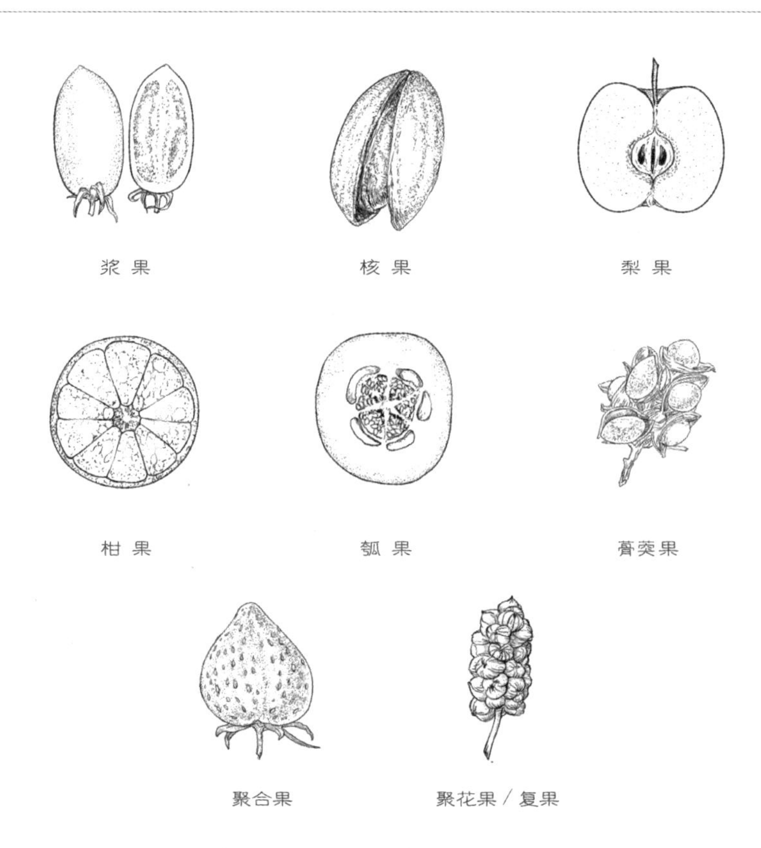

浆　果：柔软多汁的肉质果，含一至多粒种子，如番茄、葡萄。

核　果：具有坚硬果核的肉质果实，如桃、李、秤星树。

梨　果：由花筒和子房联合发育而成的假果，外果皮、中果皮均肉质化，如苹果、豆梨。

柑　果：柑橘类特有的一类肉质果，外果皮厚，外表革质，内部分布许多油囊，如柑橘。

瓠　果：由下位子房发育而成的假果，果壁坚硬，中果皮、内果皮肉质，如黄瓜。

蓇葖果：果形多样，皮较厚，单室，成熟时仅沿一个缝线裂开，如八角茴香、马利筋。

聚合果：通常指由单花的许多离生雌蕊形成的一簇或一组小型肉质果，如草莓、空心泡。

聚花果：由聚集在单个花轴上的几个分离花形成的果实，如桑葚、菠萝。

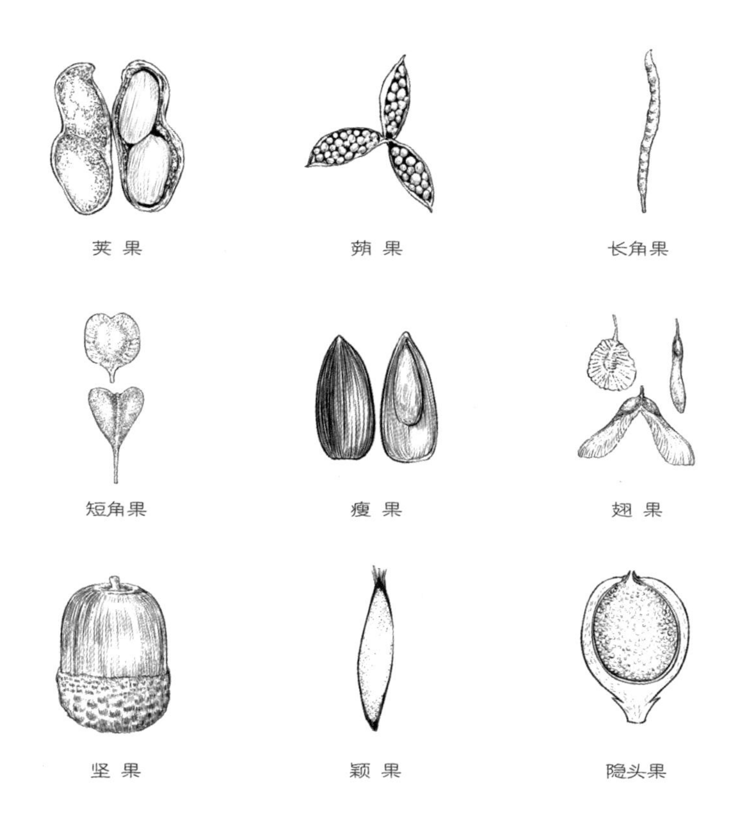

荚　果：成熟后果皮沿背缝和腹缝两面开裂，如花生、大豆。

蒴　果：由两个或多个心皮形成的开裂干果，开裂方式多样，如棉花、紫花地丁。

长角果：果实细长的开裂干果，成熟时从基部向上部裂开，如白菜、萝卜。

短角果：扁平的开裂干果，顶端下凹，边缘有宽翅，开裂方式同长角果，如荠菜。

瘦　果：不开裂小干果，只有一枚种子，仅在一点跟子房壁相连，如向日葵。

翅　果：不开裂的干果，果皮的一部分向外扩延成翼翅，如榆、岭南槭。

坚　果：不开裂的、通常具有单个种子的坚硬干果，外面常包有壳斗，如板栗。

颖　果：种皮和果皮愈合，具一枚种子的不开裂干果，如水稻、红毛草。

隐头果：由具中空内陷花序托的整个成熟花序形成，果生在花序托内部，如无花果、粗叶榕。

目录

藤本

黄色

乔木

灌木

紫红

灌木

白兰

Michelia × alba DC.

糖胶树

Alstonia scholaris (L.) R.Br.

花期

1
2
3
4
5
6
7
8
9
10
11
12

糖胶树

别名：灯架树、面条树、盆架子

科属：夹竹桃科鸡骨常山属

类型：乔木

生态环境及分布：

中国广西、云南有分布，生于低丘陵山地疏林中、路旁或水沟边。南方城市常作园林绿化树和行道树。

果期：10月～次年5月

花色：白色

果实形态：蓇葖果线形

糖胶树的花

糖胶树的果实

乔木，高10~20米，具乳汁。叶3~10片轮生，倒卵状圆形、倒披针形或匙形，长7~28厘米，宽2~11厘米，无毛，顶端圆形，钝或微凹，稀急尖或渐尖，基部楔形；侧脉每边25~50条，密生而平行。花白色，多朵组成稠密的聚伞花序，顶生，被柔毛；花冠高脚碟状，花冠裂片向左覆盖。蓇葖果2枚，离生，细长，线形，长20~57厘米，种子长圆形。

早在玛雅人时代，中美洲地区就有人用糖胶树的树胶来清理牙齿，确保口腔清新。糖胶树的植株乳汁丰富，是口香糖的重要原料，因此被人们称为“糖胶树”。蓇葖果细长，如悬挂的面条，因此亦有人称其为“面条树”。

糖胶树的花盛开时，散发出一阵阵浓郁的味道，但花香太浓烈会令人有不适感。树皮和枝叶有毒。

鸡蛋花

Plumeria rubra 'Acutifolia'

花期

1
2
3
4
5
6
7
8
9
10
11
12

鸡蛋花

别名：缅栀子、蛋黄花、鹿角树

科属：夹竹桃科鸡蛋花属

类型：小乔木

生态环境及分布：

原产于南美洲墨西哥，为红鸡蛋花的栽培变种，园林观赏植物。中国南部各省区均有栽培。

花色：白色，中心黄色或淡黄

果实形态：蓇葖果长圆体形

鸡蛋花的种子

鸡蛋花的植株

小乔木，高达 5 米，枝条肥厚肉质，全株有乳汁。叶互生，厚纸质，矩圆状椭圆形或矩圆状倒卵形，长 14~30 厘米，宽 6~8 厘米，常聚集于枝上部。聚伞花序顶生；花萼 5 裂；花冠白色黄心，裂片狭倒卵形，向左覆盖，比花冠筒长一倍；雄蕊 5 枚，生花冠筒基部。蓇葖果双生，叉开，长圆体形，长 11~25 厘米，直径 1.5 厘米；种子矩圆形，扁平，顶端具矩圆形膜质翅。

鸡蛋花还是西双版纳佛教中的“五树六花”之一，常种植于寺庙庭院前。此外，西双版纳当地人喜欢把鸡蛋花蘸面粉鸡蛋浆油炸，作为一道菜肴招呼远道前来的贵宾。

鲜花含芳香油，作调制化妆品及高级皂用香精原料。

毛果杜英

Elaeocarpus rugosus Roxb.

花期

1
2
3
4
5
6
7
8
9
10
11
12

毛果杜英

别名：尖叶杜英、长芒杜英

科属：杜英科杜英属

类型：乔木

生态环境及分布：

生长于低海拔的山谷。原产于云南、海南以及印度、泰国、缅甸、马来西亚等。

果期：6月~11月

花色：白色

果实形态：核果椭圆形

毛果杜英的果实

毛果杜英的植株

常绿乔木，高可达 30 米。根基部有板根，树皮灰色，枝条层层伸展。小叶粗大，幼时有灰色柔毛，后变无毛。叶聚生于枝顶；叶柄长 1.5~3 厘米，密被长柔毛；叶革质，倒卵状披针形，长 15~25 厘米，宽 5~7.5 厘米。总状花序生于顶枝叶腋内，下垂，有花 5~14 朵；花两性，萼片 5 枚；花瓣白色，倒披针形，先端 7~8 裂。核果椭圆形，表面密被淡褐色茸毛；内果皮骨质，有 2 纵脊。

毛果杜英的植株挺拔高大，中国南方常见栽培，为优良的园林绿化树和行道树。毛果杜英有挺拔的板状根，发达的根系可帮助它躲过东南沿海的狂风暴雨。开花时繁花拥簇，十分美丽，盛夏后进入果期，果实累累，具有很高的观赏性。

水石榕

Elaeocarpus hainanensis Oliv.

花期

1

2

3

4

5

6

7

8

9

10

11

12

水石榕

别名：海南杜英

科属：杜英科杜英属

类型：小乔木

生态环境及分布：

中国广东、海南、广西南部和云南东南部有分布，生丘陵或山地谷中。

果期：7月~11月

花色：白色

果实形态：核果纺锤形

水石榕的花蕾

水石榕的植株

常绿小乔木，高 4~5 米；枝条无毛。叶聚生枝条顶端，狭披针形或倒披针形，长 6~15 厘米，宽 1.5~3 厘米，边缘密生疏钝齿，上下两面均无毛，侧脉每边 14~16 条。总状花序腋生，比叶短，有花 2~6 朵；苞片大，宿存，宽卵形，长 0.7~1.4 厘米，边缘有小齿；花大，花瓣 5 枚，直径 3~4 厘米，白色；萼片披针形，长 1.8~2.4 厘米，与花瓣近等长，外面都密生紧贴的短柔毛；花瓣倒卵形，顶端细裂，裂片丝形；雄蕊多数。核果纺锤形，无毛；内果皮骨质。

水石榕虽然名字带了个“榕”，但跟桑科榕属植物无关，它属于杜英科植物，花色洁白，在深圳各大公园和绿地普遍栽培，多植于水旁湿处，作为园林观赏植物。它跟亲“兄弟”同科属植物毛果杜英（*Elaeocarpus rugosus* Roxb.）容易混淆，都属于南方常见园林栽培植物。

白兰

Michelia × alba DC.

花期

1
2
3
4
5
6
7
8
9
10
11
12

白兰

别名：白玉兰、白兰花

科属：木兰科含笑属

类型：乔木

生态环境及分布：

原产于印度尼西亚，现广植于东南亚。

花色：白色

果实形态：通常不结果

白兰的花

白兰的植株

常绿乔木，枝广展，呈阔伞树冠；树皮灰色，嫩枝及芽密被淡黄色微柔毛，老时毛渐脱落。叶薄革质，长椭圆形或披针椭圆形，先端长渐尖或尾状渐尖，基部楔形，上面无毛，下面疏生微柔毛，干时两面网脉均很明显；叶柄长 1.5~2 厘米。花白色，浓香味；花被片 10 片，披针形；雄蕊的药隔伸出长尖头；雌蕊群被柔毛。通常不结果，多用嫁接繁殖，中国福建、广东、广西、云南等省区有栽培。

深圳也栽种了大量的白兰作为行道树，最有名的是福田区上步路，几公里长的道路两边栽种着高大挺拔、郁郁葱葱的白兰树。花期的时候，花繁叶盛，芬芳四溢，具有很高的观赏性，是一种广受欢迎的芳香植物。

苹婆

Sterculia monosperma Vent.

花期

1
2
3
4
5
6
7
8
9
10
11
12

苹婆

别名：凤眼果

科属：锦葵科苹婆属

类型：乔木

生态环境及分布：

中国广东、广西、福建、云南、台湾、香港和澳门等地较为常见，多为人工栽培，为优良的园林景观树种。

果期：8月~9月

花色：白色

果实形态：蓇葖果长圆形

苹婆的果实

苹婆的植株

常绿乔木，树皮褐黑色。单叶互生，叶柄长 2~4 厘米，叶薄革质，矩圆形或椭圆形，长 10~28 厘米，宽 5~13 厘米，两面均无毛，全缘。圆锥花序顶生或腋生，花萼初时乳白色，后转为淡红色，钟状，5 裂，裂片条状披针形，先端渐尖且向内曲，在顶端互相粘合，与钟状萼筒等长。蓇葖果鲜红色，卵状长圆形，长约 5 厘米，宽 2~3 厘米，果皮厚革质，红色，密被茸毛和星状毛，顶端有喙。每果内有种子 1~4 颗，椭圆形，种皮黑褐色，有光泽。

苹婆的蓇葖果成熟时颜色鲜红，种仁可食用。用水煮熟苹婆种仁，剥去黑色外种皮，再剥去淡褐色半透明中种皮即可食用，种仁味道香甜，类似板栗，可入菜肴。

人面子

Dracontomelon duperreanum Pierre

花期

1
2
3
4
5
6
7
8
9
10
11
12

人面子的花

别名：银莲果、人面树

科属：漆树科人面子属

类型：乔木

生态环境及分布：

生长在热带地区的森林中，分布于海南、广东、广西、云南南部。

果期：6月~11月

花色：白色

果实形态：核果球形

人面子的果实和果核

人面子的植株

常绿大乔木，高8~20米；幼枝具条纹，被灰色绒毛。奇数羽状复叶长30~45厘米，有小叶5~7对，小叶互生，近革质，长圆形，自下而上逐渐增大，长5~14.5厘米，宽2.5~4.5厘米，先端渐尖，基部常偏斜，阔楔形至近圆形，全缘。圆锥花序顶生或腋生，花白色，花瓣狭长圆形。核果扁球形，长约2厘米，直径约2.5厘米，成熟时黄色，果核压扁，上面盾状凹入；种子3~4颗。

人面子的果核扁球形，上面有盾状凹入，像一副愁眉苦脸的面容，所以得名“人面子”，果实可以加工成果脯。现在很多南方城市作行道树或园林绿化树。

番石榴

Psidium guajava L.

花期

1
2
3
4
5
6
7
8
9
10
11
12

番石榴的花

别名：芭乐、鸡屎拔

科属：桃金娘科番石榴属

类型：乔木或灌木

生态环境及分布：

原产于南美洲。现在广泛种植于热带各地，中国南部多为栽培，有时逸为野生。

果期：8月~10月

花色：白色

果实形态：浆果球形

番石榴的果实

番石榴的植株

常绿乔木或灌木，高 2~10 米。树皮片状剥落，淡绿褐色；小枝四棱形。叶对生，革质，矩圆形至椭圆形，长 5~12 厘米，宽 2.5~6 厘米，下面密生短柔毛，羽状脉明显，在上面凹入，下面凸起，有短柄。花单生或 2~3 朵同生于总花梗上，白色，芳香，直径 2.5~3.5 厘米；花萼裂片 4~5 枚，较厚，外面被短柔毛；花瓣 4~5 枚，较萼片长；雄蕊多数。浆果球形或卵形，长 2.5~8 厘米，淡黄绿色，顶端有宿存萼片，种子多数。

浆果可食，是热带水果之一；叶含芳香油；树皮含鞣质。

木本曼陀罗

Brugmansia candida Pers.

木本曼陀罗的花

别名：曼陀罗木

科属：茄科曼陀罗属

类型：小乔木

生态环境及分布：

原产于美洲热带。中国南方各省区作为园林观赏植物栽培。

果期：6月~10月

花色：白色

果实形态：蒴果卵形

小乔木，高2米余。茎粗叶大，叶卵状心形，顶端渐尖，长15~28厘米，宽3~9厘米，全缘、微波状或有不规则缺刻状齿，两面有微柔毛，侧脉每边7~9条。花梗长3~5厘米。花萼筒状，中部稍膨胀，长8~12厘米，直径2~2.5厘米；裂片长三角形，长1.5~2.5厘米；花白色，喇叭状下垂，长达20余厘米；雄蕊不伸出花冠筒；花药长约3厘米；花柱伸出花冠筒，柱头稍膨大。浆果状蒴果，表面平滑，广卵状。

全株有毒，含东莨菪碱、莨菪碱等生物碱，花与种子毒性最强，误食容易引起中毒。

木本曼陀罗

铁冬青

Ilex rotunda Thunb.

花期

1
2
3
4
5
6
7
8
9
10
11
12

铁冬青

别名：救必应、熊胆木

科属：冬青科冬青属

类型：乔木

生态环境及分布：

生于海拔 400~1100 米的山坡常绿阔叶林中和林缘。分布于长江流域以南和台湾。

果期：8月 ~12月

花色：白色

果实形态：核果椭圆形

铁冬青的树干

铁冬青的整株

常绿乔木，高 5~15 米；树皮淡灰色；小枝红褐色，光滑无毛。叶薄革质或纸质，椭圆形、卵形或倒卵形，长 4~10 厘米，宽 1.5~4 厘米，全缘，上面有光泽；叶柄长 1~2 厘米。花白色，雌雄异株，通常 4~5 花排成聚伞花序，着生叶腋处，雄花 4 数，雌花 5~7 数。果球形，长 6~8 毫米，熟时红色；分核 5~7 颗，背部有 3 条纹和 2 浅槽，内果皮近木质。

铁冬青果实成熟后呈深红色，树上果实累累，极为引人瞩目，观赏性强，是很好的行道树及切花材料；也是鸟类喜爱的果实之一，常见有红耳鹎、乌鸫、领雀嘴鹎等鸟类啄食成熟果实。

基及树

Carmona microphylla (Lam.) G.Don

花期

1 2 3 4 5 6 7 8 9 10 11 12

基及树

别名：福建茶

科属：紫草科基及树属

类型：灌木

生态环境及分布：

产于中国广东、福建、海南及台湾。日本、印尼及澳大利亚也有分布。

果期：6月~12月

花色：白色

果实形态：核果球形

基及树的花

基及树的果实

基及树的植株

灌木，高1~3米，多分枝；幼枝圆柱形，有微硬毛。叶在长枝上互生，在短枝上簇生，革质，倒卵形或匙状倒卵形，长1~3.5厘米，宽0.5~2厘米，基部渐狭成短柄，边缘上部有少数牙齿，两面疏生短硬毛，上面常有白色点，脉在叶上面下陷，在下面稍隆起。聚伞花序腋生或生短枝上，具细梗，有数朵密集或稀疏排列的花；花萼长约4毫米，裂片5枚，匙状条形；花冠白色，钟状，长约6毫米，裂片5枚，披针形。核果球形，成熟时为红色。

基及树的萌芽力强，耐修剪，常作盆景材料。在广东和福建常作绿篱种植。

钝钉头果

Gomphocarpus physocarpus E. Mey.

花期

1
2
3
4
5
6
7
8
9
10
11
12

钝钉头果的花

别名：气球果、唐棉

科属：夹竹桃科钉头果属

类型：灌木

生态环境及分布：

原产于非洲，中国华南地区及云南也有栽培，常作园林观赏植物。

果期：10月～12月

花色：白色

果实形态：蓇葖果圆形

灌木，具乳汁，茎被短柔毛。叶对生或轮生，披针形，长6~10厘米，宽0.6~1.5厘米，顶端渐尖，基部渐狭，无毛，叶缘反卷；侧脉不明显。聚伞花序顶生或腋生，长4~6厘米，有花3~7朵；花萼5深裂；花冠5深裂，反折；副花冠红色，兜状。蓇葖果肿胀，圆形或卵圆状，长6~8厘米，直径2.5~5厘米，顶端渐尖成喙，外果皮具有软刺，刺长1厘米；种子卵形，顶端具白绢质种毛，种毛长约3厘米。

它跟另一种同科同属植物钉头果（*Asclepias fruticosa* L.）花果相似，两者容易混淆。

钝钉头果

昙花

Epiphyllum oxypetalum (DC.) Haw.

花期

1 2 3 4 5 6 7 8 9 10 11 12

昙花

别名：韦陀花、月下美人

科属：仙人掌科昙花属

类型：灌木

生态环境及分布：

原产于美洲，世界各地区广泛栽培；中国各省区常见栽培。

花色：白色

果实形态：浆果长球形

昙花

昙花

肉质灌木，高 2~6 米，老茎圆柱状，木质化，分枝多数。叶状侧扁，披针形至长圆状披针形，长 15~100 厘米，宽 5~12 厘米，边缘波状或具深圆齿，基部急尖，深绿色，无毛，中肋粗大，于两面突起；老株分枝产生气根。花单生于枝侧的小窠，漏斗状，于夜间开放，芳香，长 25~30 厘米，直径 10~12 厘米；萼状花被片绿白色，瓣状花被片白色；雄蕊多数，排成两列；花丝白色，花药淡黄色。浆果长球形，具纵棱脊，无毛，紫红色。种子多数，卵状肾形，亮黑色，具皱纹。

昙花晚间开放，开花时散发芬芳气味，但时间短暂，从开放到凋零闭合仅数小时，故有“昙花一现”之说，形容事物美好但短暂易逝。

昙花凋零之后，可以采摘下来，加工当菜肴食用，或者晒干后备用。

红果仔

Eugenia uniflora L.

花期

1
2
3
4
5
6
7
8
9
10
11
12

红果仔的花

别名：巴西红果、番樱桃

科属：桃金娘科番樱桃属

类型：灌木或小乔木

生态环境及分布：

原产于巴西。现广泛引进人工栽培，作为园林观赏植物。

果期：6月~8月

花色：白色

果实形态：浆果球形

红果仔的果实

红果仔的植株

灌木或小乔木，高 2~5 米，全株无毛。叶片纸质，卵形至卵状披针形，长 3.2~4.2 厘米，宽 1.5~3 厘米，上面绿色发亮，下面颜色较浅，两面无毛，有无数透明腺点，叶柄极短。花白色，稍芬芳，单生或数朵聚生于叶腋，短于叶；萼片 4 枚，长椭圆形，外反；花瓣白色，长 6~7 毫米。浆果球形，有八棱，熟时深红色，有种子 1~2 颗。

果实初时青色，稍后转黄色，熟时深红色，色彩艳丽迷人，外形像樱桃，所以得名“番樱桃”。果可食，味道微甜，但由于多为园林栽培，容易食入残留农药与除虫剂的果实，引起肠胃不适，所以，不建议采食路边或者公园里栽种的红果仔。

茉莉花

Jasminum sambac (L.) Aiton

花期

1
2
3
4
5
6
7
8
9
10
11
12

茉莉花

别名：茉莉

科属：木犀科素馨属

类型：灌木

生态环境及分布：

原产于印度。现世界各地广泛引进人工栽培，中国南方亦有栽培，作为园林观赏植物。

果期：7月~9月

花色：白色

果实形态：浆果球形

茉莉花

茉莉花

直立或攀缘灌木，高 0.5~3 米；幼枝有柔毛或无毛。单叶对生，膜质或薄纸质，宽卵形或椭圆形，长 4~12 厘米，宽 2~7.5 厘米，顶端骤凸或钝，基部圆钝或微心形，两面无毛；叶柄有柔毛。聚伞花序，通常有 3 朵花，有时多花；花梗有柔毛，长 5~10 毫米；花白色芳香；花萼有柔毛或无毛，裂片 8~9 枚，条形约长 5 毫米；花冠筒长 5~12 毫米，裂片矩圆形至近圆形，顶部钝，约和花冠筒等长。浆果球形，紫黑色。

为园林观赏植物，花是著名的花茶原料及重要的香精原料。

“好一朵美丽的茉莉花，芬芳美丽满枝桠，又香又白人人夸……”这首中国民歌《茉莉花》广为人知，传唱大江南北，甚至远播欧洲，成为家喻户晓的中国文化符号。其优美的曲调，耳熟能详的歌词，描述的正是眼前这洁白芳香的茉莉花。

九里香

Murraya exotica L.

花期

1 2 3 4 5 6 7 8 9 10 11 12

九里香的花

别名：石桂树

科属：芸香科九里香属

类型：灌木

生态环境及分布：

分布于中国福建、广东、海南、广西等省区，生于较旱的疏林中。现有人工栽培，作为围篱或盆景材料。

果期：9月~12月

花色：白色

果实形态：浆果纺锤形

九里香的果实

九里香

灌木；分枝多，小枝圆柱形，无毛。单数羽状复叶，叶轴不具翅；小叶3~9片，互生，变异大，由卵形、倒卵形至近菱形，长2~8厘米，宽1~3厘米，全缘，上面深绿色有光泽。聚伞花序，通常顶生或顶生兼腋生，花轴近于无毛；花大而少，极芳香，直径常达4厘米，花梗细瘦；萼片5枚，三角形，长约2毫米，宿存；花瓣5枚，倒披针形或狭矩圆形，长1~1.5厘米，有透明腺点；雄蕊10枚，长短相间。浆果朱红色，纺锤形或榄形，大小变化很大。

本种和千里香【*Murraya paniculata* (L.) Jack.】是两个近缘种，但它们在生长的环境和形态上均有明显的差异 。

狗牙花

Tabernaemontana divaricata (L.) R.Br. ex Roem. et Schult.

花期

1
2
3
4
5
6
7
8
9
10
11
12

狗牙花

别名：白狗花、豆腐花

科属：夹竹桃科狗牙花属

类型：灌木或小乔木

生态环境及分布：

栽培于中国南方各省区，常种植于公园、庭院、社区、路边作观赏植物。

果期：6月~12月

花色：白色

果实形态：蓇葖果椭圆形

狗牙花的果实和种子

狗牙花的植株

常绿灌木或小乔木，植株高可达3米。单叶对生，纸质，椭圆形或椭圆状矩圆形，顶端渐尖，基部楔形，叶面深绿色，中脉凹陷；叶背淡绿色，中脉凸起。聚伞花序腋生，通常双生，白色，重瓣，裂片向左覆盖，高脚碟状。蓇葖果窄斜椭圆形，每个蓇葖果内有1~4颗种子，种子椭圆形。

花朵洁白素雅，味道芬芳，栽培的原种为单瓣狗牙花【*Ervatamia divaricata* (L.) Burkill】。

金苞花

Pachystachys lutea Nees

花期

1
2
3
4
5
6
7
8
9
10
11
12

金苞花的花和苞片

别名：黄虾花、黄金宝塔

科属：爵床科金苞花属

类型：灌木

生态环境及分布：

原产于秘鲁和墨西哥，中国南部各省区作园林观赏植物。

果期：7月~11月

花色：白色

果实形态：蒴果椭圆形

直立灌木，高可达2米；茎圆柱形，无毛，黄褐色。叶膜质，长圆状披针形，长9~15厘米，宽2~5厘米，顶端渐尖，基部渐狭，全缘，无毛。侧脉5~7对，在上面平坦，背面隆起。穗状花序顶生或腋生，长5~9厘米；苞片黄色，密覆瓦状排列，卵形，边缘被腺毛；小苞片黄色，卵状椭圆形；花萼长约6毫米，黄色，5裂，几达基部，裂片披针形，无毛或边缘疏被缘毛；花冠白色，长4.5~5厘米，被柔毛和腺点，檐部二唇形。蒴果椭圆形，具种子4颗。

金苞花小苞片色泽金黄，花期长，适作会场、厅堂、居室及阳台装饰。南方用于布置花坛，也可做花境；北方则作温室盆栽花，是优良的盆花品种。

金苞花的花瓣白色，从塔状黄色苞片中伸出来，不是非常起眼，真正引人注意的是它金黄色的苞片。

金苞花

水鬼蕉

Hymenocallis littoralis (Jacq.) Salisb.

花期

1
2
3
4
5
6
7
8
9
10
11
12

水鬼蕉的花

别名：蜘蛛兰

科属：石蒜科水鬼蕉属

类型：草本

生态环境及分布：原产于美洲热带地区西印度群岛。中国引种栽培供观赏。

花色：白色

果实形态：蒴果卵圆形

多年生鳞茎草本植物。叶基生，10~12 枚，倒披针形，长 45~75 厘米，宽 2.5~6 厘米，先端急尖，基部渐狭，深绿色，多脉，无柄。花茎硬而扁平，实心，高 30~80 厘米；佛焰苞状总苞片长 5~8 厘米，基部极阔；花茎顶端生花 3~8 朵，白色，花被筒长裂，一般呈线形或披针形；雄蕊 6 枚着生于喉部，下部为被膜联合成杯状或漏斗状副冠。花绿白色，有香气。蒴果卵圆形，肉质状，成熟时裂开。种子为海绵质状，绿色。

水鬼蕉性喜温暖、潮湿气候，对土壤要求不严，可用腐叶土盆栽，也可栽植黏质的土壤中。人工栽培于深圳各大公园。

水鬼蕉属名来自希腊语 hymen 及 kallos 两词，意为它具有美的带膜副冠。花瓣细长，向四周任意伸展，形似蜘蛛的长腿，所以别名也叫作“蜘蛛兰”。它容易跟同科植物文殊兰【*Crinum asiaticum* var.*sinicum* (Roxb.ex Herb.) Baker】混淆。

水鬼蕉

水仙

Narcissus tazetta var. *chinensis* M.Roem.

花期

1
2
3
4
5
6
7
8
9
10
11
12

水仙的花

别名：金银台、雅蒜

科属：石蒜科水仙属

类型：草本

生态环境及分布：

原产于意大利，引进中国栽培已经有一千多年历史，水培植物。

花色：白色

果实形态：蒴果卵圆形

多年生草本，鳞茎卵圆形。叶直立而扁平，长30~45厘米，宽1~1.8厘米，顶端钝，稍粉绿。花茎中空，扁平，约与叶等长；总苞片佛焰苞状，膜质；伞形花序由4~8朵花组成，花平伸或下垂；花梗长于总苞片；花被高脚碟状，筒部三棱，长1.5~2厘米，裂片6枚，倒卵形，扩展而外反，白色；副花冠浅杯状，淡黄色，不皱缩，短于花被；雄蕊6枚，着生于花被筒上。蒴果，室背开裂。

水仙鳞茎多液汁，含秋水仙碱及多花水仙碱等多种生物碱，有毒，捣烂可敷治痈肿。

水仙多为水养，叶姿秀美，花香浓郁，亭亭玉立，故有“凌波仙子”的雅号。水仙从意大利引进，在中国已经有一千多年的栽培历史，成为中国传统十大名花之一。

水仙

文殊兰

Crinum asiaticum var. *sinicum* (Roxb.ex Herb.) Baker

花期

1
2
3
4
5
6
7
8
9
10
11
12

文殊兰的花

别名：文珠兰、罗裙带

科属：石蒜科文殊兰属

类型：草本

生态环境及分布：

原产于印度尼西亚、马来西亚、苏门答腊等亚洲热带地区。中国南方常作园林观赏植物栽培。

果期：11 月 ~12 月

花色：白色

果实形态：蒴果扁球形

文殊兰的果实

文殊兰的植株

多年生粗壮草本；鳞茎圆柱形，长约 30 厘米，直径 10~15 厘米，根须多数。叶常绿，近肉质，带状披针形，簇生，长 30~60 厘米，宽 7~12 厘米，先端渐尖，基部抱茎。花茎由叶腋抽出，粗壮，高达 1 米。聚伞花序顶生，有花 10~24 朵，芳香；总苞片阔佛焰苞状，苞片膜质，白色；花冠高脚碟状，纯白色，花被管纤细，上部裂片 6 枚，线形长 7~8 厘米，宽 8 毫米；雄蕊 6 枚，着花于花被管部。蒴果扁球形，浅黄色。

文殊兰全株有毒，鳞茎毒性最大，含石蒜碱、文珠胺碱等生物碱，谨防误食引起中毒。

巴西鸢尾

Neomarica gracilis (Herb.) Sprague

花期

1
2
3
4
5
6
7
8
9
10
11
12

巴西鸢尾群落

别名：美丽鸢尾、马蝶花

科属：鸢尾科巴西鸢尾属

类型：草本

生态环境及分布：

原产于巴西及墨西哥，中国引进后作园林栽培。

花色：紫蓝色、白色

巴西鸢尾

巴西鸢尾

多年生草本，株高 30~40 厘米。叶片两列，带状形，自短茎处抽生。花茎扁平似叶状，但中肋较明显突出，高于叶片。花从花茎顶端鞘状苞片内开出，花被片 6 枚，外 3 片白色，基部褐色，浅黄色斑纹；3 片前端蓝紫色，带白色条纹，基部褐色，黄色斑纹，直立内卷。

原产于巴西及墨西哥，中国引进后作园林栽培植物，性喜阴，多种植于公园荫蔽处的路边、水岸边、花径旁、花坛里作观赏植物。

巴西鸢尾的繁殖方式很奇特，在开花后会从花鞘内长出小苗，小苗越长越大最后降至土表，发根成苗，而小苗隔年就有开花能力。

艳山姜

Alpinia zerumbet (Pers.) B.L.Burtt et R.M.Sm.

花期

1
2
3
4
5
6
7
8
9
10
11
12

艳山姜

别名：花叶良姜、彩叶姜

科属：姜科山姜属

类型：草本

生态环境及分布：

原产地为东南亚热带地区，优良的园林观叶植物，华南广大地区均有种植。

果期：7月~10月

花色：白色

果实形态：蒴果卵圆形

艳山姜的果实

艳山姜的植株

多年生草本，发达的地上茎。植株高 1~2 米，具根茎。叶具鞘，长椭圆形，两端渐尖，叶长约 50 厘米，宽 15~20 厘米，有金黄色纵斑纹。圆锥花序呈总状花序式，花序下垂，苞片白色，边缘黄色，顶端及基部粉红色。花冠乳白色，顶端粉红色；唇瓣匙状宽卵形，顶端皱波状，黄色而有紫红色纹彩；雄蕊长约 2.5 厘米。蒴果卵圆形，淡黄色，种子有棱角。

本种为艳山姜的栽培变种。叶形美观，常群植于路边或草地供观赏。

鸡蛋果

Passiflora edulis Sims

花期

1
2
3
4
5
6
7
8
9
10
11
12

鸡蛋果的花

别名：百香果

科属：西番莲科西番莲属

类型：藤本

生态环境及分布：

原产于南美洲，现热带地区和亚热带地区广泛栽培。

果期：11月

花色：白色

果实形态：浆果卵形

鸡蛋果的果实

鸡蛋果

多年生草质藤本，长达 6 米；茎圆柱形。叶薄革质，长、宽各 7~13 厘米，掌状 3 深裂；叶柄长约 2.5 厘米，近上端有 2 个腺体。聚伞花序退化而仅存 1 朵花，单生于叶腋，两性，直径约 4 厘米；苞片 3 枚，叶状，长约 1.5厘米；萼片 5 枚，长约 2.5 厘米，背顶有一角状体；花瓣 5 枚，与萼片近等长；副花冠由许多丝状体组成 3 轮排列，下部紫色，上部白色；雄蕊 5 枚，花丝合生，紧贴雌蕊柄；子房无毛，花柱 3 个。浆果卵形，长约 6 厘米，熟时紫色；种子极多，具淡黄色黏质假种皮。

果实为浆果，球形或卵形，形如鸡蛋，果汁像蛋黄，所以得名“鸡蛋果”。果瓤多汁可制饮料，夏日炎炎，取鸡蛋果果瓤，加入蜂蜜，凉开水搅拌均匀饮用，酸甜可口，不失为夏日消暑的一种健康饮料。

中国台湾、福建、广东等省有栽培，有时逸生于山谷丛林中。

金凤花

Caesalpinia pulcherrima (L.) Sw.

橙

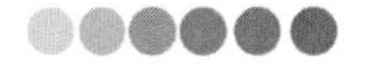

火烧花

Mayodendron igneum (Kurz) Kurz

花期

1
2
3
4
5
6
7
8
9
10
11
12

火烧花

别名：缅木

科属：紫葳科火烧花属

类型：乔木

生态环境及分布：

常生于干热河谷、低山丛林，海拔 150~1900 米处。分布于中国云南、广东、广西；现常作园林观赏植物。

果期：5月~9月

花色：橙色

果实形态：蒴果长线形

火烧花

火烧花

常绿乔木，高达 15 米， 嫩枝具长椭圆形白色皮孔。二回羽状复叶；小叶椭圆形，长 6~11 厘米，宽 2.5~4 厘米，顶端尾尖，基部阔楔形，全缘，无毛，侧脉 5~6 对。总状花序，有花 5~13 朵，着生于老茎或侧枝上；花萼佛焰苞状，一边开裂，被毛；花冠钟形，膨大，橙黄色，裂片小，半圆形；雄蕊 4 枚，退化雄蕊短而无花药。蒴果长线形，下垂，长达 45 厘米，粗约 7 毫米，果皮薄革质，2 瓣裂开，隔膜细圆柱形，木栓质。种子多列，矩圆形，具膜质半透明的翅。

火烧花是属典型的老茎生花，花冠橙黄色至金黄色，常在树干或老茎上开放，如熊熊燃烧的火焰，故名“火烧花”。花可作蔬菜食用，在西双版纳地区，几乎每个民族都食用火烧花，可炒吃、可煮汤。

1922 年，美国哈佛大学的植物猎人约瑟夫・洛克（Joseph Rock）沿湄公河 – 澜沧江，从泰国北上中国香格里拉，途中路过景洪时，采集了一份火烧花的标本，现存于美国阿诺德植物园标本馆，并附有一张火烧花的黑白照片。

金凤花

Caesalpinia pulcherrima (L.) Sw.

花期

1
2
3
4
5
6
7
8
9
10
11
12

金凤花的花

别名：黄金凤、洋金凤

科属：豆科云实属

类型：灌木

生态环境及分布：

原产于巴哈马群岛和安的列斯群岛。热带地区广为栽培。

果期：全年

花色：橙色

果实形态：荚果条形

金凤花的叶

金凤花的植株

灌木，疏生刺，高 2~4 米。二回羽状复叶，有羽片 8~20 枚；小叶 10~24 枚，矩圆形，偏斜，长 1~2.7 厘米，宽 0.7~1.4 厘米，先端圆，微缺，基部圆形，无毛。伞房状的总状花序顶生或腋生，大，长可达 40 厘米；花梗细长，在花序下部的长可达 10 厘米；萼长 10~12 毫米，无毛，萼筒短，倒圆锥形；花瓣圆形，长 1~2.5 厘米，黄色或橙黄色，边缘呈波状皱褶；花丝基部有毛，高出于花 2~3 倍。荚果近条形，无翅，长 5~10.5 厘米，宽 1.5~1.8 厘米，扁平，无毛，有种子 6~9 颗。

中国华南普遍栽培，是观赏价值较高的园林植物之一。

金凤花花形奇特，雄蕊众多，而且修长，伸出花朵外面，像蝴蝶的触须；花瓣则像蝴蝶的翅膀，盛花开放时候，犹如一群彩凤飞舞，非常壮观。

虾子花

Woodfordia fruticosa (L.) Kurz

花期

1
2
3
4
5
6
7
8
9
10
11
12

虾子花

别名：虾仔花

科属：千屈菜科虾子花属

类型：灌木

生态环境及分布：

生于干热河谷的旱生灌木丛中，分布于中国云南、贵州、广东和广西，越南、缅甸、斯里兰卡、印度及非洲马达加斯加也有分布。

花色：橙红色

果实形态：蒴果狭椭圆形

虾子花

虾子花

灌木，高 1.5~3 米；幼枝被短柔毛，后脱落。叶对生，革质，披针形或狭披针形，长 7~12 厘米，宽 2~3 厘米，上面通常近无毛，下面白色而具微小黑腺点，被短柔毛，近无柄。聚伞花序腋生，圆锥状，长约 3 厘米，花序轴被毛；小苞片早落；花两性，具长 3~5 毫米的花梗；花萼筒状，长 1~1.3 厘米，口部略偏斜，具 6 齿，萼齿之间有小附属体；花瓣 6 枚，通常不长于萼齿；雄蕊 12 枚，生于萼管下部，明显伸出。蒴果狭椭圆形，长约 7 毫米，包藏于萼管之内，2 瓣裂，具多数种子。

虾子花的花朵橙红美丽而繁茂，雄蕊伸出冠筒外面，像烧熟了的虾，因此得名“虾子花”。

深圳市各公园或公共绿地常作园林观赏植物。

金铃花

Abutilon pictum (Gillies ex Hook.et Arn.) Walp.

花期

1
2
3
4
5
6
7
8
9
10
11
12

金铃花

别名：灯笼花、纹瓣悬铃花、网花苘麻

科属：锦葵科苘麻属

类型：灌木

生态环境及分布：

原产于南美洲巴西、乌拉圭等地。中国华南、华东、华中有人工栽培。

花色：橙色

常绿灌木，植株高2~3米，枝条无毛。单叶互生，心形，掌状3~5深裂，长6~10厘米，宽5~8厘米，基部心形，边缘有锯齿，掌状脉5~7条。单花腋生，下垂生长，有长而细的花梗，花梗长7~10厘米，无毛。花萼钟形，长2~3厘米；花瓣基部合生，宽倒卵形，橘黄色，具有红色脉纹，雄蕊伸出花冠外。

多种植于公园、小区、绿化带等地作园林观赏植物。

金铃花

王龙船花

Ixora casei 'Super King'

花期

1
2
3
4
5
6
7
8
9
10
11
12

王龙船花

科属：茜草科龙船花属

类型：灌木

生态环境及分布：

原产于亚洲热带地区，华南有野生。常于庭园栽培观赏，或盆栽观赏。

花色：橙红色

果实形态：浆果球形

王龙船花的果实

王龙船花的整株

小灌木，高 0.8~2 米，全部无毛。叶对生，有极短的柄，纸质，披针形、矩圆状披针形或矩圆状倒卵形，长 6~13 厘米，宽 3~4 厘米；托叶长 6~8 毫米。花序具短梗，有红色的分枝，长 6~7 厘米，直径 6~12 厘米；花 4~5 数，直径 12~16 毫米，具极短的花梗；萼檐裂片齿状，远较萼筒短；花冠橙红色或黄红色，花冠筒长 3~3.5 厘米，裂片倒卵形或近圆形，顶端圆形；雄蕊与花冠裂片同数，着生于花冠筒喉部。浆果近球形，直径 7~8 毫米，紫红色。

在深圳常见栽培的有下列各种栽培品种或杂交种：

1. 洋红龙船花（*Ixora casei* Hance）
2. 红龙船花（*Ixora coccinea* L.）
3. 杏黄龙船花（*Ixora coccinea* 'Apricot gold'）
4. 大黄龙船花（*Ixora coccinea* 'Gilletteas Yellow'）
5. 黄龙船花【*Ixora coccinea* f.latea (Hutch.) F.R.Fosberg et H.H.Sachet】
6. 小花龙船花（*Ixora parviflora* Vahl）
7. 白花龙船花（*Ixora henryi* H.Lev.）
8. 王龙船花（*Ixora casei* 'Super King'）
9. 矮龙船花（*Ixora walliansii* 'Sunkist'）
10. 宫粉龙船花（*Ixora* × *westii*）
11. 矮粉龙船花（*Ixora* × *walliansii* 'Dwarf Pink'）
12. 矮黄龙船花（*Ixora* × *walliansii* 'Dwarf Yellow'）

长隔木

Hamelia patens Jacq.

花期

1
2
3
4
5
6
7
8
9
10
11
12

长隔木的花

别名：希茉莉

科属：茜草科长隔木属

类型：灌木

生态环境及分布：

原产于中、南美洲。中国南部和西南部广泛栽培。

果期：5月～10月

花色：橙色

果实形态：浆果卵球形

多年生常绿灌木，株高2~4米，多分枝；茎粗壮，红色至黑褐色。叶片长披针形，多4片轮生于茎，长15~17厘米，宽5~6厘米，纸质，表面深绿，背面灰绿，较粗糙，全缘，长披针形，椭圆状卵形至长圆形，顶端短尖或渐尖，叶柄带红色；幼枝、幼叶及花梗被短柔毛，淡紫红色；全株具白色乳汁。顶生聚伞圆锥花序，分枝蝎尾状；花冠橙红色，花冠管狭圆筒状，长2.5厘米；浆果卵球形，直径6~7毫米，暗红色或紫色。

树冠优美，花叶俱佳，是近年来南方园林绿化中广受欢迎的植物，适合栽种于公园、路边、花坛等绿化地方。

长隔木的植株

马缨丹

Lantana camara L.

花期

1
2
3
4
5
6
7
8
9
10
11
12

马缨丹的花

别名：五色梅、臭草、如意草

科属：马鞭草科马缨丹属

类型：灌木

生态环境及分布：

原产于热带美洲；中国庭园有栽培，华南地区均有归化或逸为野生。

花色：白色、黄色、橙黄色、粉红色

果实形态：核果圆球形

马缨丹的果实

马缨丹

直立或半藤状灌木，高 1~2 米，有臭味；茎四方形，有糙毛，无刺或有下弯的钩刺。叶对生，有柄，卵形至卵状矩圆形，长 3~9 厘米，宽 1.5~5 厘米，边缘有锯齿，两面都有糙毛，顶端急尖或渐尖，基部心形或楔形，侧脉 5 对。头状花序腋生，总花梗长于叶柄 1~3 倍；苞片披针形，有短柔毛；花萼筒状，顶端有极短的齿；花冠黄色、橙黄色、粉红色以至深红色。核果圆球形，直径约 0.4 厘米，成熟时紫黑色。

深圳常见多个马缨丹栽培品种，花色多样、花期长，多种植于路边、坡地等绿化地。

马缨丹植株之间可以传递化学信息，而这种信息物质会让本地土著植物难以适应，成为排挤和绞杀其他物种的有力武器。同时它耐贫瘠，对光资源的捕获能力很强，能很快形成厚密的植被层而减少下层植被光照，阻止覆盖层下其他植物的生长，因此，马缨丹也被列入外来入侵植物之一。

深圳普遍栽培的有下列品种：

1. 黄花马缨丹（*Lantana camara* 'Flava'）
2. 粉花马缨丹（*Lantana camara* 'Rose Queen'）
3. 白花马缨丹（ *Lantana camara* ' Alba'）
4. 橙红马缨丹（*Lantana camara* ' Mista'）
5. 红花马缨丹（*Lantana camara* 'Sanguinea'）
6. 花叶马缨丹（*Lantana camara* ' Yellow Wonder'）

冬红

Holmskioldia sanguinea Retz.

花期

1
2
3
4
5
6
7
8
9
10
11
12

冬红

别名：帽子花

科属：唇形科冬红属

类型：灌木

生态环境及分布：

原产于喜马拉雅山脉地区，中国华南城市有栽培。

果期：冬末春初

花色：橙色

果实形态：核果倒卵形

常绿灌木，高3~7米；小枝四棱形，具四槽，被毛。叶对生，膜质，卵形或宽卵形，基部圆形或近平截，叶缘有锯齿，两面均有稀疏毛及腺点，但沿叶脉具毛较密；叶柄长1~2厘米，具毛及腺点，有沟槽。聚伞花序常2~6个再组成圆锥状，每聚伞花序有3花，中间的一朵花柄较两侧为长，花柄及花序梗具短腺毛及长单毛；花萼朱红色或橙红色，由基部向上扩张成一阔倒圆锥形的碟，直径可达2厘米，边缘有稀疏睫毛，网状脉明显；花冠朱红色，花冠管长2~2.5厘米，有腺点；雄蕊4枚，花丝长2.5~3厘米，具腺点。果实倒卵形，长约6毫米，4深裂，包藏于宿存、扩大的花萼内。

现中国广东、广西、台湾等地有栽培，供观赏，是一种美丽的观花灌木。

冬红

射干

Iris domestica (L.) Goldblatt et Mabb.

花期

1 2 3 4 5 6 7 8 9 10 11 12

射干的花

别名：交剪草、野萱草

科属：鸢尾科鸢尾属

类型：草本

生态环境及分布：

多生于山坡、草地、沟谷及滩地。广布于中国各省区，现有人工栽培作园林观赏植物。

果期：7月~9月

花色：橙色

果实形态：蒴果倒卵圆形

射干的种子

射干

多年生草本。根状茎横走，略呈结节状，外皮鲜黄色。叶2列，嵌迭状排列，宽剑形，扁平，长达60厘米，宽达4厘米。茎直立，高40~120厘米，伞房花序顶生，排成二歧状；苞片膜质，卵圆形。花橙黄色，长2~3厘米，花被片6枚，基部合生成短筒，外轮的长倒卵形或椭圆形，开展，散生暗红色斑点，内轮的与外轮的相似而稍小；雄蕊3枚，着生于花被基部；花柱棒状，顶端3浅裂，被短柔毛。蒴果倒卵圆形，长2.5~3.5厘米，室背开裂，果瓣向后弯曲；种子多数，近球形，黑色，有光泽。

射干花色秀丽，适合种植于公园路边、小区、庭院绿化环境，现有人工栽培。

鹤望兰

Strelitzia reginae Banks

花期

1
2
3
4
5
6
7
8
9
10
11
12

鹤望兰

别名：天堂鸟

科属：旅人蕉科鹤望兰属

类型：草本

生态环境及分布：

原产于非洲南部，中国南方一些省区有栽培，多种植于公园、花圃等。

果期：10月~12月

花色：橙色

果实形态：蒴果三棱形

多年生草本。高达1~2米，根粗壮肉质。茎不明显。叶对生，两侧排列，革质，长椭圆形或长椭圆状卵形，长25~45厘米，宽10厘米，顶端急尖，基部圆形或楔形，下部边缘波状。叶柄比叶片长2~3倍，中央有纵槽沟。花数朵生于总花梗上。花序外有总佛焰苞片，长约15厘米，绿色，舟状，边缘紫红，萼片披针形，长7.5~10厘米，橙黄色，箭头状花瓣基部具耳状裂片，和萼片等长，暗蓝色；雄蕊与花瓣等长；花药狭线形，花柱突出，柱头3个。蒴果三棱形，木质。

鹤望兰的花形奇特，色彩夺目。橘色的花瓣、蓝色的雌蕊，宛如仙鹤翘首远望。在切花材料中占着非常重要的主导位置，有向往自由、幸福、大展宏图的寓意。

鹤望兰

马利筋

Asclepias curassavica L.

花期

1
2
3
4
5
6
7
8
9
10
11
12

马利筋的花

别名：莲生桂子花、水羊角、黄花仔、红花矮陀陀

科属：夹竹桃科马利筋属

类型：草本

生态环境及分布：

原产于拉丁美洲的西印度群岛，现全球热带地区和亚热带地区有栽培；中国南方各省区有栽培。

果期：8月~12月

花色：橙色

果实形态：蓇葖果披针形

马利筋的果实

马利筋的种子

多年生直立草本，高 60~100 厘米，全株有白色乳汁。叶对生，膜质，披针形至椭圆状披针形，长 6~14 厘米，宽 1~4 厘米，基部楔形，先端急尖，侧脉每边 12~15 条。聚伞花序顶生或腋生，有花 10~20 朵；花萼裂片披针形，被柔毛；花冠紫红色或橙色，裂片长圆形，反折；副花冠生于合蕊冠上，5 裂，黄色，匙形。蓇葖果双生或单生，披针形，两端渐尖；种子卵圆形，顶端具白色绢质种毛。

全株有毒，其白色乳汁毒性更大，含多种牛角瓜强心甙、马利筋甙、异牛角瓜甙等，可作农药，驱杀害虫。

朱顶红

Hippeastrum striatum (Lam.) H. E. Moore

花期

1 2 3 4 5 6 7 8 9 10 11 12

朱顶红

别名：华胄兰、红花莲

科属：石蒜科朱顶红属

类型：草本

生态环境及分布：

原产于巴西，中国引种栽培作观赏植物。

果期：夏季

花色：橙色、红色、粉红色、白色

果实形态：浆果卵球形

朱顶红的果实

朱顶红

多年生草本。鳞茎近球形，直径 5~7.5 厘米，并有匍匐枝。叶 6~8 枚，花后抽出，鲜绿色，带形，长约 30 厘米，基部宽约 2.5 厘米。花茎中空，稍扁，高约 40 厘米，宽约 2 厘米，具有白粉。花 2~4 朵，佛焰苞状总苞片披针形，花梗纤细，花被管绿色，圆筒状，花被裂片长圆形，橙红色，喉部有小鳞片。雄蕊 6 枚，花丝红色，花药线状长圆形；花柱柱头 3 裂。浆果卵球形。

朱顶红花大，色泽艳丽，杂交种花色非常丰富，有深红、橙黄、粉红、白色等，可以种植路边、山石头旁观赏；也可以盆栽种植于家庭阳台，鳞茎有毒。

旱金莲

Tropaeolum majus L.

花期

1
2
3
4
5
6
7
8
9
10
11
12

旱金莲

别名：旱莲花、荷叶七

科属：旱金莲科旱金莲属

类型：草本

生态环境及分布：

原产于南美洲巴西、秘鲁；中国各地均有栽培。

果期：7月～11月

花色：橙色、黄色

果实形态：瘦果扁球形

一年生攀缘状肉质草本，光滑无毛。叶互生，近圆形，长5~10厘米，有主脉9条，边缘有波状钝角；叶柄长10~20厘米，盾状着生于叶片的近中心处。花单生叶腋，有长柄；花黄色或橘红色，长2.5~5厘米；萼片5枚，基部合生，其中1片延长成1长距；花瓣5枚，大小不等，上面2瓣常较大，下面3瓣较小，基部狭窄成爪，近爪处边缘细撕裂状；雄蕊8枚，分离，不等长。瘦果扁球形，成熟时分裂成3个小核果。

旱金莲的花花色艳丽，具有很高的观赏性，常种植于花坛、路边或家庭盆栽于阳台、露台。

旱金莲

炮仗花

Pyrostegia venusta (Ker-Gawl.) Miers

花期

1
2
3
4
5
6
7
8
9
10
11
12

炮仗花

别名：黄鳝藤、鞭炮花

科属：紫葳科炮仗藤属

类型：藤本

生态环境及分布：

原产于南美洲巴西，热带地区广泛栽培。中国南方各省区有栽培。

花色：橙色

果实形态：蒴果线形

炮仗花

炮仗花

藤本，具有 3 叉丝状卷须。叶对生；小叶 2~3 枚，卵形，顶端渐尖，基部近圆形，长 4~10 厘米，宽 3~5 厘米，上下两面无毛，下面具有极细小分散的腺穴，全缘；叶轴长约 2 厘米；小叶柄长 5~20 毫米。圆锥花序着生于侧枝的顶端，长 10~12 厘米。花萼钟状，有 5 小齿。花冠筒状，内面中部有一毛环，基部收缩，橙红色，裂片 5 枚，长椭圆形，花蕾时镊合状排列，花开放后反折，边缘被白色短柔毛。雄蕊着生于花冠筒中部，花丝丝状，花药叉开。果瓣革质，舟状，内有种子多列，种子具翅，薄膜质。

炮仗花多植于庭园建筑物的四周，攀缘于凉棚上，初春红橙色的花朵累累成串，状如鞭炮，故有“炮仗花”之称。

木棉

Bombax ceiba L.

红

吊灯树

Kigelia africana (Lam.) Benth.

花期

1
2
3
4
5
6
7
8
9
10
11
12

吊灯树的花

别名：吊瓜树、腊肠树

科属：紫葳科吊灯树属

类型：乔木

生态环境及分布：

原产于非洲，现栽培于热带和亚热带地区。

果期：10月~次年3月

花色：褐红色

果实形态：蒴果圆柱形

吊灯树的果实

吊灯树的植株

常绿乔木，高13~20米。奇数羽状复叶交互，对生或轮生，小叶7~9枚，长圆形或倒卵形，顶端急尖，基部楔形，全缘，叶面光滑，亮绿色，背面淡绿色，被微柔毛，近革质，羽状脉明显。圆锥花序生于小枝顶端，花序轴下垂，可长达50~100厘米；花稀疏，6~10朵。花萼钟状，革质。花冠褐红色，裂片卵圆形，上唇2片较小，下唇3片较大，开展，花冠筒外面具凸起纵肋。雄蕊外露。蒴果下垂，圆柱形，肥硕，坚硬不开裂。

吊灯树又称“腊肠树”，因其果实形似腊肠而得名。在非洲，这些“腊肠树”是豹子用餐的场地：豹子捕杀了羚羊回来，争不过鬣狗，打不过狮子，就把这些猎物尸体叼上吊灯树上，在这安心享受美餐，血肉被吃光了，这些猎物尸体骸骨就被风干挂在树杈上了。

在深圳莲花山公园、中心公园等地，随处可见这种引进的植物，花色红艳美丽，硕大无比的圆柱形果实悬挂于树上，所以，也叫作“吊瓜树”。

火焰树

Spathodea campanulata Beauv.

花期

1
2
3
4
5
6
7
8
9
10
11
12

火焰树的花

别名：火焰木、苞萼木

科属：紫葳科火焰树属

类型：乔木

生态环境及分布：

原产于非洲。现广泛栽培于中国广东、福建、云南等地作园林观赏树。

花色：红色

果实形态：蒴果长椭圆形

火焰树的种子

火焰树的植株

火焰树的果实

常绿乔木，高 10 米，树皮平滑，灰褐色。奇数羽状复叶，对生，连叶柄长达 45 厘米；小叶 13~17 枚，叶片椭圆形至倒卵形，长 5~9.5 厘米，宽 3.5~5 厘米，顶端渐尖，基部圆形，全缘，背面脉上被柔毛。伞房状总状花序，顶生，密集；花序轴长约 12 厘米，被褐色微柔毛，具有明显的皮孔；花萼佛焰苞状，外面被短绒毛，顶端外弯并开裂，基部全缘。花冠一侧膨大，基部紧缩成细筒状，檐部近钟状，橘红色，具紫红色斑点，内面有突起条纹，裂片 5 枚，阔卵形，不等大，具纵褶纹。雄蕊 4 枚。蒴果黑褐色，长 15~25 厘米，宽 3.5 厘米。种子具周翅，近圆形。

火焰树开花时花朵多而密集，花色猩红，花姿艳丽，形如火焰，尤其满树开花的景象更为壮观，故名“火焰树”。

木棉

Bombax ceiba L.

花期

1
2
3
4
5
6
7
8
9
10
11
12

木棉的花

别名：红棉、英雄树

科属：锦葵科木棉属

类型：乔木

生态环境及分布：

生于海拔 1400 米以下的干热河谷及稀树草原，也可以生长在沟谷季雨林内。广泛栽培于中国广东、福建、云南等地。

果期：4 月 ~5 月

花色：红色

果实形态：蒴果长圆形

木棉的果实

木棉的植株

落叶大乔木，高达 25 米；树皮灰白色，幼树的树干通常有圆锥状的粗刺；分枝平展。掌状复叶，小叶 5~7 片，长圆形至长圆状披针形，全缘，两面均无毛，羽状侧脉 15~17 对；叶柄长 10~20 厘米；小叶柄长 1.5~4 厘米；花大，单生枝顶叶腋，通常红色，有时橙红色；花萼杯状，外面无毛，内面密被淡黄色短绢毛，裂片 3~5 枚，半圆形；花瓣肉质，倒卵状长圆形，两面被星状柔毛；雄蕊管短，花丝较粗，基部粗，向上渐细，内轮部分花丝上部分 2 叉，中间 10 枚雄蕊渐短，不分叉，外轮雄蕊多数，集成 5 束，每束花丝 10 枚以上；花柱长于雄蕊。蒴果长圆形，密被灰白色长柔毛和星状柔毛；种子多数，倒卵形，光滑，藏于白色绵毛中。

木棉为优良的庭院观赏树和行道树；绵毛可以用作填充材料；花入药。广州、攀枝花、高雄都把木棉花当作市花。

凤凰木

Delonix regia (Hook.) Raf.

花期

1
2
3
4
5
6
7
8
9
10
11
12

凤凰木的花

别名：凤凰花、红花楹、火树

科属：豆科凤凰木属

类型：乔木

生态环境及分布：

原产非洲马达加斯加，热带地区常见栽培；在中国广东、广西、云南亦有引种。

果期：8月~10月

花色：红色

果实形态：荚果带形

凤凰木的果荚

凤凰木的植株

落叶乔木，高 10~20 米。二回羽状复叶长 20~60 厘米，羽片 30~40 个，每羽片有小叶 40~80 枚；小叶长椭圆形，长 7~8 毫米，宽 2.5~3 毫米，两端圆，上面绿色，下面淡绿色，两面疏生短柔毛。花排成顶生或腋生的总状花序；萼长 2.5~2.9 厘米，基部合生成短筒 1 个，萼齿 5 个，长椭圆形，先端骤急尖；花瓣红色，有黄及白色花斑，近圆形，有长爪，连爪长 3.5~5.5 厘米，宽约 3 厘米；雄蕊 10 枚，分离，红色。荚果条形，长可达 50 厘米，宽约 5 厘米，下垂，木质，具多数种子。

树形优美，树冠高大，枝叶繁茂，花开之际，满树如火，有云“叶如飞凰之羽，花若丹凤之冠”，因此取名“凤凰木”。常见于庭园栽培或为行道树。

鸡冠刺桐

Erythrina crista-galli L.

花期

1
2
3
4
5
6
7
8
9
10
11
12

鸡冠刺桐的花

别名：鸡冠豆

科属：豆科刺桐属

类型：小乔木

生态环境及分布：

原产于南美洲，分布于巴西南部至阿根廷北部。中国华南各地有栽培。

果期：5月~11月

花色：橙红色、红色

果实形态：荚果圆柱形

鸡冠刺桐的果实

鸡冠刺桐的植株

落叶小乔木，通常高 2~5 米。枝条、叶柄及叶脉上均有刺。3 小叶，卵形至卵状长椭圆形，长 5~10 厘米，宽 3.5~5.5 厘米。花红色或橙红色，旗瓣大而倒卵形，盛开时开展如佛焰苞状，萼尖端 2 浅裂；1 或 2~3 朵簇生枝梢成带叶而松散的总状花序。荚果木质，圆柱形，长约 15 厘米，肥厚；种子褐黑色。

喜光，不耐寒，华南各地庭园、公园、公共绿地有栽培作观花树种，也常作温室盆栽观赏。

鸡冠刺桐开花期间，它那长长的花序轴上，远远望去，像挂满了一串串美丽的鸡冠，故名“鸡冠刺桐”。

垂枝红千层

Callistemon viminalis (Sol.ex Gaertn.) G.Don

花期

1
2
3
4
5
6
7
8
9
10
11
12

垂枝红千层的花

别名：串钱柳、瓶刷子树

科属：桃金娘科红千层属

类型：小乔木

生态环境及分布：

原产于澳大利亚；中国华南地区有栽培，可供庭院观赏。

果期：4月~9月

花色：红色

果实形态：蒴果杯形

垂枝红千层的果实

垂枝红千层的植株

小乔木，高 2~6 米。树皮黑色，有皱纹；枝细长下垂如柳状。叶披针形至线状披针形，长 4.5~9 厘米，宽 0.4~1 厘米，全缘。穗状花序顶生成瓶刷状密集，长达 7.6 厘米；花瓣 5 枚，淡绿色，圆形；雄蕊多数，长 2~2.5 厘米；花丝鲜红色，基部合生成环状；子房下位，3 室。蒴果杯形。

垂枝红千层的花红色美丽，可以用作行道树、园景树；或者种植于水岸边，迎风拂扬，婀娜多姿，是一种观赏性很强的园林植物。

朱缨花

Calliandra haematocephala Hassk.

花期

1
2
3
4
5
6
7
8
9
10
11
12

朱缨花的花

别名：红合欢、红绒球、美蕊花、美洲合欢

科属：豆科朱缨花属

类型：落叶灌木或小乔木

生态环境及分布：

原产于南美洲玻利维亚，中国广东、台湾有引种栽培，多植于园林绿地或庭院观赏。

果期：10月～11月

花色：红色

果实形态：荚果长圆形

朱缨花的果荚和种子

朱缨花的植株

落叶灌木或小乔木，高达 5 米。二回羽状复叶，羽片 1~2 对，每羽片具小叶 5~8 对，斜披针形，顶生小叶最大，长达 8 厘米。花冠发红，雄蕊约 25 枚，花丝基部白色，渐向顶端变红色，与花冠等长或略长；成球形头状花序，径 3~5 厘米；8~9 月开花。荚果线状倒披针形，长达 12 厘米。

朱缨花花序美丽，形似合欢，宜植于庭园观赏。

朱缨花的叶片是很典型的豆科植物中感叶性很强的植物，它的叶片白天呈水平展开，夜间合拢或下垂。这种运动是由环境信号和植物内源的生物钟相互作用所控制的，当叶片受到光的刺激时，叶枕细胞的膨压变化导致叶片平展或者收拢。

铁海棠

Euphorbia milii Des Moul.

花期

1

2

3

4

5

6

7

8

9

10

11

12

铁海棠

别名：虎刺梅、虎刺、麒麟刺

科属：大戟科大戟属

类型：灌木

生态环境及分布：

原产于马达加斯加岛、塞舌尔群岛及附近岛屿的区域；中国各地公园及温室常有栽培。

果期：全年

花色：红色、白色、黄色

果实形态：蒴果三棱状卵球形

多刺直立或稍攀缘性灌木，高可达 1 米；刺硬而锥状，长 1~2.5 厘米。叶通常生于嫩枝上，倒卵形至矩圆状匙形，黄绿色，长 2.5~5 厘米，宽 1.5~2.5 厘米，早落，顶端圆而具凸尖，基部渐狭，楔形，无柄。花序每 2~4 个生于枝端，排列成具长花序梗的二歧聚伞花序；总苞钟形，顶端 5 裂，腺体 4，无花瓣状附属物；总苞基部具 2 苞片，苞片鲜红色，倒卵状圆形，直径 10~12 毫米。蒴果三棱状卵球形，平滑无毛，成熟后分裂成 3 分果瓣，种子卵柱形。

铁海棠的花型小，无花瓣，肾状而鲜红的部分是苞片，因其颜色鲜红而常被人们误认为花瓣。

铁海棠

朱槿

Hibiscus rosa-sinensis L.

花期

1
2
3
4
5
6
7
8
9
10
11
12

朱槿

别名：扶桑、大红花、状元红

科属：锦葵科木槿属

类型：灌木

生态环境及分布：

产于中国福建、广东、广西、云南、四川等地。生山地疏林中，喜肥沃土壤，常栽培观赏或作绿篱。

花色：红色、黄色、橙色

果实形态：蒴果卵球形

朱槿

朱槿的重瓣品种

常绿灌木，高 1~4 米，分枝多。叶柄 1~4 厘米；叶纸质，宽卵形或狭卵形，长 4~9 厘米，宽 2~5 厘米，边缘具锯齿，两面无毛。花单生上部叶腋间，单瓣或重瓣，下垂，近顶端有节；小苞片 6~7 枚，条形，长 8~15 毫米，疏生星状毛，基部合生；花萼钟形，长 2 厘米，有星状毛，裂片 5 枚；花冠漏斗形，直径 6~10 厘米，红色、淡红或淡黄等色；雄蕊柱长于花瓣；花柱分枝 5 个。蒴果卵球形，长 2.5 厘米，有喙，成熟后开裂成 5 瓣；种子肾形，被长柔毛。

朱槿花色多，常见深红色、黄色等；瓣型变化大，多栽种于路边或庭院中作观赏植物，同时，它也是马来西亚的国花，被印在货币上。

赪桐

Clerodendrum japonicum (Thunb.) Sweet

花期

1 2 3 4 5 6 7 8 9 10 11 12

赪桐的花

别名：状元红、朱桐

科属：唇形科大青属

类型：灌木

生态环境及分布：

分布于中国浙江、华南、西南。山野自生或栽培。

果期：9月~10月

花色：红色

果实形态：核果球形

灌木，高1~4米，嫩枝通常有绒毛，枝内中髓坚实，干后不中空。叶对生，宽卵形或心形，长10~35厘米，宽6~40厘米，顶端渐尖，基部心形，边缘常有细齿，上面疏生小糙毛，下面密生土黄色腺点，叶柄长1.5~10厘米，有较密的黄褐色短绒毛。大型聚伞圆锥花序顶生，鲜红色；花萼长约8毫米，5深裂几达基部，裂片卵形或卵状披针形；花冠筒长1.5~2.5厘米；花柱超出雄蕊。果实近球形，直径8~10毫米，成熟时蓝黑色。

赪桐是美丽的观花灌木，华南庭园有栽培，长江流域及华北多于温室盆栽观赏。

赪桐

石榴

Punica granatum L.

石榴的花

别名：安石榴、花石榴

科属：千屈菜科石榴属

类型：灌木或小乔木

生态环境及分布：

原产于伊朗、阿富汗等中亚地区，汉代引入中国，黄河流域及其以南地区有栽培。

果期：5月～10月

花色：红色

果实形态：浆果球形

落叶灌木或小乔木，高2~7米；幼枝常呈四棱形，顶端多为刺状。叶对生或近簇生，矩圆形或倒卵形，长2~8厘米，宽1~2厘米，中脉在下面凸起；叶柄长5~7毫米。花1至数朵生于枝顶或腋生，两性，有短梗；花萼钟形，红色，质厚，长2~3厘米，顶端5~7裂，裂片外面有乳头状突起；花瓣与萼片同数，互生，生于萼筒内，倒卵形，稍高出花萼裂片，红色；雄蕊多数，花丝细弱。浆果近球形，果皮厚，顶端有宿存花萼，直径约6厘米。种子多数，有肉质外种皮。

石榴是美丽的观赏树及果树，又是盆栽和制作盆景、桩景的好材料。

深圳常见的栽培品种有：四季石榴、白石榴、重瓣白石榴、玛瑙石榴。

石榴的果实

大花芦莉

Ruellia elegans Poir.

花期

1
2
3
4
5
6
7
8
9
10
11
12

大花芦莉

别名：艳芦莉、红花芦莉

科属：爵床科芦莉草属

类型：多年生草本

生态环境及分布：

原产于南美洲，世界热带地区广为栽培。中国华南作园林观赏栽培。

果期：12月～次年5月

花色：红色

果实形态：蒴果卵球形

多年生草本，植株高60~90厘米。茎直立，分枝多，四棱柱形，具槽沟。叶片椭圆形或卵状披针形，长6~12厘米，宽2.5~5厘米，基部楔形，先端渐尖，全缘，侧脉每边7~9条。二歧聚伞花序，腋生，花冠漏斗状，红色，长5厘米，外面疏被长柔毛及腺毛，花冠筒内具短柔毛，前端5裂；雄蕊4枚，伸出花冠筒外。蒴果卵球形，长1~1.4厘米，种子8~10颗，卵形，表面光滑。

大花芦莉花色鲜艳，常种植于公园、绿化区或花坛。

大花芦莉

大花美人蕉

Canna × generalis L.H. Bailey

花期

1
2
3
4
5
6
7
8
9
10
11
12

大花美人蕉

别名：鸳鸯美人蕉

科属：美人蕉科美人蕉属

类型：草本

生态环境及分布：

原产于美洲热带地区，园艺杂交品种。中国各大城市常见栽培。

果期：全年

花色：红色、黄色、橙色

果实形态：蒴果椭圆形

多年生球根类花卉，为多种源杂交的栽培种。地下具肥壮多节的根状茎，地上假茎直立无分枝，植株高1~1.5米，全身被白霜。叶大型，互生，呈长椭圆形，长达40厘米，宽达20厘米，叶柄鞘状。顶生总状花序，常数朵至十数朵簇生在一起，萼片3枚，绿色，较小，花被3片，柔软，基部直立，先端向外翻。花色丰富，有乳白、米黄、亮黄、橙黄、橘红、粉红、大红、红紫等多种，并有复色斑纹。花心处的雄蕊多瓣化而成花瓣，其中一枚常外翻成舌状，其他的呈旋卷状。蒴果椭圆形，外被软刺，种子圆球形黑色。

大花美人蕉花大艳丽，颜色多样，适合种植于公园、绿地、风景区或庭院作观赏。

大花美人蕉

一串红

Salvia splendens Sellow ex Roem. et Schult.

花期

1
2
3
4
5
6
7
8
9
10
11
12

一串红

别名：爆仗红、炮仔花

科属：唇形科鼠尾草属

类型：草本

生态环境及分布：

原产于巴西；中国各地庭园广泛栽培，作观赏用。

果期：6月~10月

花色：红色

果实形态：坚果椭圆形

半灌木状草本。茎高达90厘米。叶片卵圆形或三角状卵圆形，长2.5~7厘米，宽2~4.5厘米，下面具腺点；叶柄长3~4.5厘米。轮伞花序具2~6花，密集成顶生假总状花序；苞片卵圆形，大，花前包裹花蕾，顶端尾状渐尖；花萼钟状，红色，长约1.6厘米，花后增大，外被毛，上唇三角状卵形，下唇2深裂；花冠红色，长约4厘米，直伸，筒状，上唇直伸，顶端微缺，下唇比上唇短，3裂，中裂片半圆形；花丝长5毫米。小坚果椭圆形，顶端有不规则少数褶劈，边缘或棱有厚而狭的翅。

一串红色泽艳丽，花期长，适合布置大型花坛、公园花境等。

一串红

凤仙花

Impatiens balsamina L.

花期

1
2
3
4
5
6
7
8
9
10
11
12

凤仙花

别名：指甲花、急性子

科属：凤仙花科凤仙花属

类型：草本

生态环境及分布：

原产地在中国南部、印度和马来西亚。中国南、北各省区有栽培。

果期：6月~12月

花色：粉红色、白色、红色

果实形态：蒴果纺锤形

凤仙花的果实和种子

凤仙花的植株

一年生草本，高 40~100 厘米。茎肉质，直立，粗壮。叶互生，披针形，长 4~12 厘米，宽 1~3 厘米，先端长渐尖，基部渐狭，边缘有锐锯齿，侧脉 5~9 对；叶柄长 1~3 厘米，两侧有数个腺体。花梗短，单生或数枚簇生叶腋，密生短柔毛；花大，通常粉红色或杂色，单瓣或重瓣；萼片 2 枚，宽卵形，有疏短柔毛；旗瓣圆，先端凹，有小尖头，背面中肋有龙骨突；翼瓣宽大，有短柄，二裂，基部裂片近圆形，上部裂片宽斧形，先端二浅裂；唇瓣舟形，生疏短柔毛，基部突然延长成细而内弯的距。蒴果纺锤形，密生茸毛，种子多数，球形，黑色，有小瘤状突起。

花色美丽，而且花期长，适合公园、庭院、花坛等地方栽培观赏。民间常用花和叶子染指甲，所以也叫作“指甲花”。

蒴果纺锤形，密生茸毛，成熟后稍微手指碰下即蒴果爆裂，种子借张力弹射出来，凤仙花的属名是 *Impatiens*，意思是迫不及待（急性子）。

使君子

Quisqualis indica L.

花期

1
2
3
4
5
6
7
8
9
10
11
12

使君子的花

别名：留求子、病疳子、杜蒺藜子

科属：使君子科使君子属

类型：藤状灌木

生态环境及分布：

生长于平地、山坡、路旁等向阳处灌丛。分布于福建、广东、广西、湖南等地，现作为园林观赏植物栽培。

果期：6月~12月

花色：红色

果实形态：核果卵形

使君子的果实

使君子的植株

落叶藤状灌木，高 2~8 米；嫩枝和幼叶有黄褐色短柔毛。叶对生，薄纸质，矩圆形、椭圆形至卵形，长 6~13 厘米，宽 3~5.5 厘米，两面有黄褐色短柔毛，脉上尤多；叶柄下部宿存成硬刺状，亦被毛。穗状花序顶生，下垂；苞片早落；花两性；萼筒绿色，细管状，长达 7 厘米，绿色，顶端 5 齿，具柔毛；花瓣 5 枚，矩圆形至倒卵状矩圆形，长 1.5~2 厘米，由白变淡红；雄蕊 10 枚， 为 2 轮排列。核果橄榄核状，长 2.5~4 厘米，有 5 棱，熟时黑色，有 1 颗白色种子。

相传北宋期间，一位叫郭使君的郎中，无意中发现某种植物的果实可以驱人体内蛔虫，后来行医中逐步推广，于是该植物取名为“使君子”。但是现代研究发现使君子的种仁有小毒，含使君子酸钾、葫芦巴碱等，大量服生品后，容易出现呕吐、恶心等中毒现象。

软枝黄蝉

Allamanda cathartica L.

黄

黄花风铃木

Handroanthus chrysanthus (Jacq.) S.O.Grose

花期

1
2
3
4
5
6
7
8
9
10
11
12

黄花风铃木的花

黄花风铃木的蒴果

别名：巴西风铃木、黄钟树、伊蓓树

科属：紫葳科哈德木属

类型：乔木

生态环境及分布：

原产于美洲，世界热带地区多有栽培。中国南部至西南部亦有栽培，为优良的木本园林观赏植物。

花色：黄色

果实形态：蓇葖果条形

黄花风铃木的种子

黄花风铃木的树干

黄花风铃木的植株

落叶乔木，高 4~6 米。树干直立，上部多分枝。掌状复叶，小叶 4~5 枚，叶倒卵形，纸质有疏锯齿，叶色黄绿或深绿色，全叶被褐色细茸毛。总状花序顶生，有 5~10 朵密生的花，花冠黄色，漏斗状，长 7~8 厘米，外面无毛，裂片 5 枚，近圆形，不等大，花缘皱曲；雄蕊着生于花冠筒基部以上 1 厘米处。蓇葖果条形，长 30~32 厘米，宽 2.5~3 厘米，果瓣革质，密被长柔毛，种子有膜质翅。

花于叶子先开放，花团锦簇，金黄一片。

黄花风铃木在深圳作为行道树和园林观赏树被广泛种植。比较有名的赏花地点有福田区的中心公园、南山区的前海等，其他地方也有小规模分布，3 月的深圳，是一片美丽的金黄色的花海。

毛叶猫尾木

Markhamia stipulata var. *kerrii* Sprague

花期

1
2
3
4
5
6
7
8
9
10
11
12

毛叶猫尾木的花

别名：猫尾、猫尾树

科属：紫葳科猫尾木属

类型：乔木

生态环境及分布：

产于中国广东、广西、海南、云南；泰国及越南也有。华南地区常用作园林栽培。

果期：4月~6月

花色：黄色

果实形态：蒴果条形

毛叶猫尾木的果实

毛叶猫尾木的植株

乔木，高达 10 米以上。叶近于对生，奇数羽状复叶，长 30~50 厘米；小叶 6~7 对，无柄，长椭圆形或卵形，长 16~21 厘米，宽 6~8 厘米，顶端长渐尖，基部阔楔形至近圆形，有时偏斜，全缘纸质，两面均无毛或于幼时沿背面脉上被毛，侧脉 8~9 对，在叶面微凹。花大，直径 10~14 厘米，组成顶生、具数花的总状花序。花冠黄色，漏斗形，长约 10 厘米，口部直径 10~15 厘米，花冠筒基部直径 1.5~2 厘米，漏斗形，下部紫色，无毛。蒴果极长，达 30~60 厘米，悬垂，密被褐黄色绒毛。种子长椭圆形，极薄，具膜质翅。

花大，黄色，美丽，蒴果长似猫尾，常于公园、风景区、植物园等地方作为孤植，也可作行道树。深圳荔枝公园、莲花山公园等地均有种植。

血桐

Macaranga tanarius (L.) Müll. Arg.

花期

1
2
3
4
5
6
7
8
9
10
11
12

血桐

别名：橙桐、面头果、象耳树

科属：大戟科血桐属

类型：乔木

生态环境及分布：

生于中国台湾、广东、福建等地的沿海低山灌木林或次生林中。华南各省区多栽培。

果期：4月~7月

花色：黄色

果实形态：蒴果球形

血桐的树干

血桐的花

常绿乔木，高 5~10 米，具淡红色乳汁；小枝粗壮，无毛，被白霜。叶纸质或薄纸质，近圆形或卵圆形，长 17~30 厘米，宽 14~24 厘米，顶端渐尖，基部钝圆，盾状着生，全缘或叶缘具浅波状小齿，上面无毛。下面密生颗状腺体，沿脉序被柔毛；掌状脉 9~11 条，侧脉 8~9 对；叶柄长 14~30 厘米。雄花序圆锥状，长 5~14 厘米，花序轴无毛或被柔毛；苞片卵圆形，顶端渐尖，基部兜状，边缘流苏状，苞腋具花约 11 朵；雄花萼片 3 枚；雄蕊 4~10 枚；雌花序圆锥状，长 5~15 厘米，花序轴疏生柔毛；苞片卵形、叶状，顶端渐尖，基部骤狭呈柄状，边缘篦齿状条裂，被柔毛；雌花花萼长约 2 毫米，2~3 裂，被短柔毛。蒴果具 2~3 裂，密被颗粒状腺体和数枚软刺；种子近球形。

血桐生长迅速，抗风性强，耐盐碱，常栽植于海岸防护水土，或公园等地作绿荫树。

血桐的枝条破损或折断后流出的汁液被氧化后呈血红色，仿佛流血一般，便得此名。此外由于血桐的叶子看起来有如大象的耳朵，因此也有象耳树（英文名：elephant's ear）的俗名。

大叶相思

Acacia auriculiformis Benth.

花期

1
2
3
4
5
6
7
8
9
10
11
12

大叶相思的果实

别名：耳叶相思

科属：豆科金合欢属

类型：乔木

生态环境及分布：

原产于澳大利亚北部及新西兰；现在中国广东、海南、广西等省区广泛栽培。

果期：9月～次年4月

花色：黄色

果实形态：荚果环形

大叶相思的花

大叶相思的植株

常绿乔木，高 10~20 米，枝条下垂，树皮平滑，灰白色；小枝无毛，皮孔显著。小枝有棱，绿色。幼苗具羽状复叶，后退化成叶状柄，镰状披针形或镰状长圆形，长 10~20 厘米，宽 1.5~4 厘米，有比较明显的主脉 3~7 条。花橙黄色，芳香；穗状花序腋生，长 3.5~10 厘米。荚果成熟时卷曲成环状，果瓣木质，每一果内有黑色种子若干。

大叶相思树生长迅速，耐干旱性强，可作行道树、防护林和水土保持树种。

台湾相思

Acacia confusa Merr.

花期

1
2
3
4
5
6
7
8
9
10
11
12

台湾相思的花

别名：台湾柳、相思树

科属：豆科金合欢属

类型：乔木

生态环境及分布：

原产于中国台湾，菲律宾及印尼也有分布。中国华南各省区多有栽培。

果期：5月～次年2月

花色：黄色

果实形态：荚果带形

台湾相思的树干

台湾相思的植株

台湾相思的果荚

常绿乔木，高10~20米；枝无毛，无刺。小叶退化；叶柄呈披针形的叶片状，微呈镰形，长6~10厘米，宽5~13毫米，两端渐狭，有3~5条平行脉，革质，无毛。头状花序单生或2~3个簇生于叶腋，直径约1厘米；花黄色，有微香；萼长约为花冠之半，花冠长约2毫米；雄蕊多数。荚果带形，扁平，幼时有黄褐色柔毛，干时深褐色，有光泽。种子2~8颗，椭圆形，压扁。

喜光，喜暖热气候，不耐寒，耐干燥瘠薄土壤；深根性，抗风力强，萌芽性强，生长较快，中国华南各省区多栽培作防护林和园林绿化树。

马占相思

Acacia mangium Willd.

花期

1

2

3

4

5

6

7

8

9

10

11

12

马占相思的花

科属：豆科金合欢属

类型：乔木

生态环境及分布：

原产于澳大利亚、巴布亚新几内亚和印度尼西亚。中国海南、广东、广西、福建等地有引种，栽种作行道树。

果期：11月～次年6月

花色：黄色

果实形态：荚果带形

马占相思的果荚

马占相思的植株

常绿乔木，高 15~20 米，植物体无刺。树皮粗糙，主干通直，树型整齐，小枝有棱，叶大，生长迅速。叶状柄纺锤形，长 15~25 厘米，宽 6~12 厘米，两面无毛，基部楔形，先端急尖或钝，平行脉中比较明显的有 3~5 条。穗状花序腋生，长 8~12 厘米，下垂；花淡黄白色，小，密生，花冠钟形，裂片 5 枚，开花时外反；雄蕊多数。荚果带形，旋转，革质；种子椭圆形，成熟时黑色，有光泽。

栽种作行道树、园林观赏树和护堤树种。深圳各地山林普遍栽培。

腊肠树

Cassia fistula L.

花期

1
2
3
4
5
6
7
8
9
10
11
12

腊肠树的花

别名：猪肠豆、阿勃勒、波斯皂荚、黄金雨

科属：豆科决明属

类型：乔木

生态环境及分布：

原产于印度、缅甸、斯里兰卡。中国华南部省区有栽培。

果期：8月~10月

花色：黄色

果实形态：荚果圆柱形

腊肠树的果实

腊肠树的植株

乔木，高 8~10 米。树皮黑褐色，枝条无毛。羽状复叶具小叶 8~16 片；小叶大，卵形至长卵形，长 6~15 厘米，宽 3.5~8 厘米，先端渐尖而钝，基部骤尖，两面都有微细柔毛。总状花序疏松，下垂，长可达 30 厘米或更长；花梗细瘦，长达 6~8 厘米，下垂；萼片 5 枚，分离，卵形，外面密生短柔毛；花冠黄色，直径达 4 厘米；雄蕊 10 枚，下面 2~3 枚雄蕊的花药较大。荚果大，圆柱状，不开裂，黑褐色，有 3 槽纹，长 30~60 厘米，直径约 2 厘米，种子间有横隔。

腊肠树是优良的园林风景树和行道树。木材坚而重，可作支柱、车轮及农具等。果实含单宁；树皮可作红色染料。

腊肠树开花时满树金黄，非常美丽，花瓣随风如雨落下，故又名“黄金雨”，是泰国的国花。腊肠树的果实属荚果圆柱形，肥硕长形，像一条条灌制的腊肠，所以得名“腊肠树”，在深圳各地广泛栽种作为园林观赏植物。

紫檀

Pterocarpus indicus Willd.

花期

1
2
3
4
5
6
7
8
9
10
11
12

紫檀的花

别名：羽叶檀

科属：豆科紫檀属

类型：乔木

生态环境及分布：

生于坡地疏林中或栽培。分布于中国广东、云南；印度、印度尼西亚、菲律宾、缅甸也有分布。

果期：8月~10月

花色：黄色

果实形态：荚果圆形

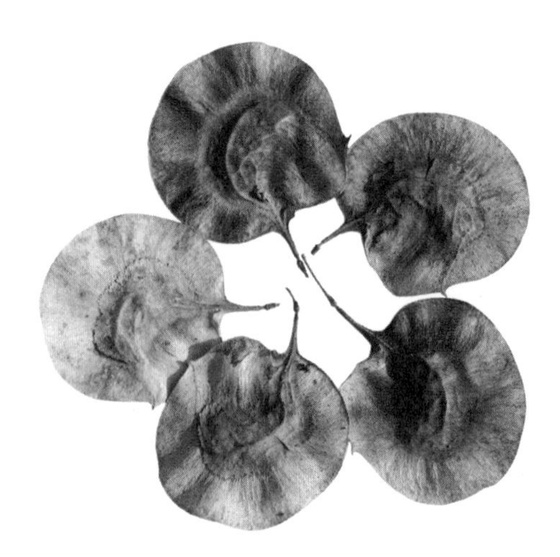

紫檀的荚果

紫檀的植株

乔木，高 15~25 米，直径达 40 厘米；树皮灰色。单数羽状复叶；小叶 7~9，矩圆形，长 6.5~11 厘米，宽 4~5 厘米，先端渐尖，基部圆形，无毛；托叶早落。圆锥花序腋生或顶生，花梗及序轴有黄色短柔毛；小苞片早落；萼钟伏，微弯，长约 5 毫米，萼齿 5 个，宽三角形，长约 1 毫米，有黄色疏柔毛；花冠黄色，花瓣边缘皱褶，具长爪；雄蕊单体。荚果圆形，偏斜，扁平，具宽翅，翅宽可达 2 厘米，种子 1~2 粒。

生于坡地疏林中或栽培。树性强健，成长快速，绿荫遮天，为园景树、行道树之高级树种。

银桦

Grevillea robusta A. Cunn. ex R. Br.

花期

1
2
3
4
5
6
7
8
9
10
11
12

银桦的花

别名：银桦树、银栎

科属：山龙眼科银桦属

类型：乔木

生态环境及分布：

原产于大洋洲；中国南部和西南地区栽培作行道树。

果期：6月~8月

花色：黄色

果实形态：蓇葖果矩圆形

大乔木，高达20米；幼枝被锈色绒毛。叶互生，二回羽状深裂；裂片5~12对，近披针形，长5~10厘米，宽1.5~2.5厘米，上面中脉被棕色毛，下面密被棕色绒毛和银灰色绢状毛，边缘反卷。总状花序1或数个聚生于无叶的枝上，长7~16厘米；花两性，无花瓣；萼片4枚，花瓣状，橙黄色，未开放时为弯曲的管状，开放后向外卷，长约2厘米；雄蕊4枚，无花丝。蓇葖果卵状矩圆形，稍压扁状而偏斜，长约1.6厘米，宽7毫米，顶端具宿存花柱；种子具翅。

银桦的木材呈淡红色或深红色，具光泽，富弹性，适于做家具。

银桦的植株

大花五桠果

Dillenia turbinata Finet et Gagnep.

花期

1
2
3
4
5
6
7
8
9
10
11
12

大花五桠果的花

别名：大花第伦桃、大叶野枇杷

科属：五桠果科五桠果属

类型：乔木

生态环境及分布：

分布于中国广东、广西、云南；越南也有。现人工栽培作园林观赏植物。

果期：夏季

花色：黄色

果实形态：果实球形

大花五桠果的果实

大花五桠果的植株

常绿乔木，高可达30米；幼枝粗壮，有锈色粗毛，后变得几无毛。叶倒卵形至倒卵状矩圆形，长15~30厘米，宽8~12厘米，顶端圆形或钝，很少急尖，茎部宽楔形，边缘有疏牙齿，上面仅叶脉有短粗毛，下面疏生短粗毛。总状花序有花2~4朵，花梗有黄褐色粗毛；萼片革质，卵形，长2.5~3.5厘米，外面有锈色粗毛；花瓣膜质，黄色，长2.5~3.5厘米，顶端宽，基部狭；雄蕊长14~18毫米，花药比花丝长2~4倍，顶孔开裂。果近球形，直径4~5厘米，暗红色。

大花五桠果的树姿优美，叶色青绿，树冠开展如盖，分枝低，下垂至近地面，花色艳丽，果实硕大，是观花和观果植物，适合种植于公园、绿化带作观赏植物，也可作行道树。另外，它的果实多汁且略带酸味，可作为果酱原料。

菲岛福木

Garcinia subelliptica Merr.

花期

1
2
3
4
5
6
7
8
9
10
11
12

菲岛福木的花

别名：福树、福木

科属：藤黄科藤黄属

类型：乔木

生态环境及分布：

原产东南亚以及中国台湾，生于海滨的杂木林中。深圳常见栽培于各大公园作园林观赏植物。

果期：4月~8月

花色：黄色

果实形态：浆果球形

菲岛福木的果实

菲岛福木的植株

菲岛福木的树干

乔木，高可达 20 余米，小枝坚韧粗壮，具 4~6 棱。叶片厚革质，卵形，卵状长圆形或椭圆形，稀圆形或披针形，长 7~14 厘米，宽 3~6 厘米，顶端钝、圆形或微凹，基部宽楔形至近圆形，上面深绿色，具光泽，下面黄绿色，中脉在下面隆起，侧脉纤细，微拱形，12~18 对，两面隆起，至边缘处联结，网脉明显。花杂性，同株，5 数；雄花和雌花通常混合在一起，簇生或单生于落叶腋部；花瓣倒卵形，黄色。浆果球形，成熟时黄色，外面光滑，种子 1~4 枚。菲岛福木是沿海地区营造防风林的理想树种，可以防风固堤。

黄花夹竹桃

Thevetia peruviana (Pers.) K. Schum.

花期

1
2
3
4
5
6
7
8
9
10
11
12

黄花夹竹桃的花

别名：酒杯花

科属：夹竹桃科黄花夹竹桃属

类型：小乔木

生态环境及分布：

原产于美洲热带地区；中国南部各省区有栽培。

果期：8月～次年3月

花色：黄色

果实形态：核果扁三棱状球形

黄花夹竹桃的果实和种子

黄花夹竹桃的果实

小乔木，高达 5 米，具丰富乳汁。单叶互生，条形或条状披针形，长 10~15 厘米，宽 5~12 毫米，基部楔形，先端渐尖，无毛。聚伞花序顶生，有花 2~6 朵；花萼 5 深裂，绿色；花冠黄色，漏斗状，花冠裂片 5 枚，向左覆盖，花冠喉部具 5 枚被毛鳞片；雄蕊 5 枚，着生于花冠喉部。核果扁三棱状球形，肉质，未熟时绿色，熟时变浅黄色，干后变黑色，直径 2.5~4 厘米，有种子 2~4 颗；种子两面凸起，坚硬。

乳汁、种子、花、根和茎皮均有剧毒，人畜误食，足以致死。深圳有栽培变种：红酒杯花【*Thevetia peruviana* (Pers.) K. Schum cv. Aurantiaca】。

复羽叶栾树

Koelreuteria bipinnata Franch.

花期

1
2
3
4
5
6
7
8
9
10
11
12

复羽叶栾树的花果

别名：国庆花

科属：无患子科栾树属

类型：乔木

生态环境及分布：

产于中国中南及西南部地区。株形美观，宜作庭荫树及行道树。

果期：8月~10月

花色：黄色

果实形态：蒴果卵形

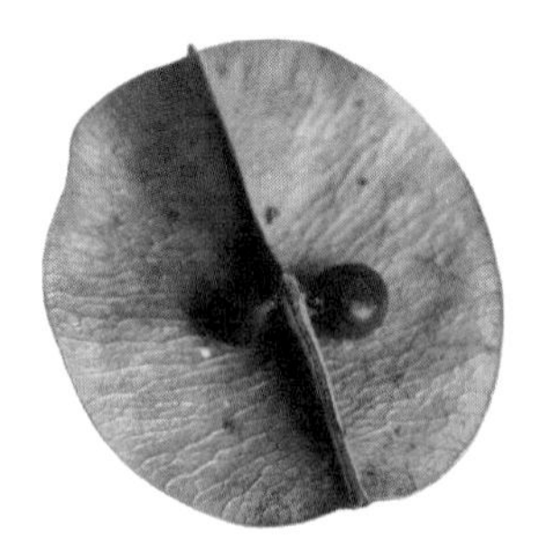

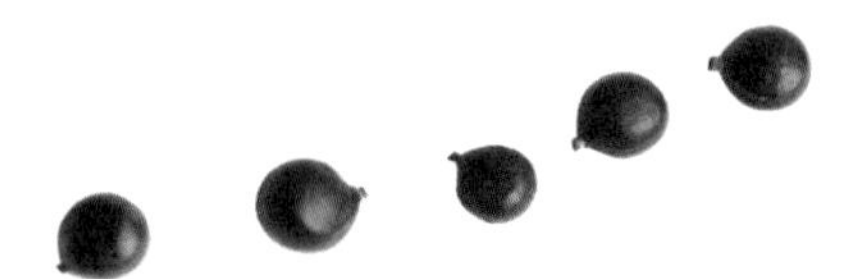

复羽叶栾树的种子

复羽叶栾树的植株

落叶乔木，高可达 20 米；树皮暗灰色；小枝灰色，有短柔毛并有皮孔密生。叶为二回羽状复叶，对生，厚纸质，总叶轴圆筒形，密生绢状灰色短柔毛；小叶 9~15 枚，长椭圆状卵形，长 4.5~7 厘米，宽 1.8~2.5 厘米，顶端短渐尖，基部圆形，边缘有不整齐的锯齿，上面有光泽，下面淡绿色，有明显的网脉，主脉上有灰色绒毛；小叶柄短，长 2~3 毫米。聚伞圆锥花序顶生，长约 20 厘米，有多数密生的花；花黄色，花瓣 4 枚，瓣片长圆披针形。蒴果卵形，膨胀，具 3 棱，紫红色，长约 4 厘米，宽 3 厘米，顶端圆形，有凸尖头，3 瓣裂；种子圆形，黑色。

复羽叶栾树花色美艳，盛花期在国庆节前后，故又名“国庆花”。株形美观，宜作庭荫树及行道树。

杧果

Mangifera indica L.

花期

1
2
3
4
5
6
7
8
9
10
11
12

杧果的花

别名：芒果、望果

科属：漆树科杧果属

类型：乔木

生态环境及分布：

原产于印度、马来西亚；中国华南地区有栽培作庭荫树和行道树。

果期：4月~8月

花色：黄色

果实形态：核果椭圆形

杧果的果实

杧果

常绿大乔木，高 10~27 米；树皮厚，灰褐色，成鳞片状脱落。单叶聚生枝顶，革质，长 10~40 厘米，宽 3~6 厘米；叶柄长 4~6 厘米。圆锥花序有柔毛；花小，杂性（雄花两性花同株），芳香，黄色或带红色；萼片 5 枚，有柔毛；花瓣 5 枚，长约为萼的 2 倍；花盘肉质 5 裂；雄蕊 5 枚，但仅 1 枚发育。核果椭圆形或肾形，微扁，长 5~10 厘米，熟时黄色，内果皮坚硬，压扁，并覆被粗纤维。

杧果是著名热带果树，品种很多，有“热带水果之王”的美称。树冠浓密。在华南地区可栽作庭荫树和行道树。

深圳目前引进栽培两种杧果属植物，除了杧果之外，另外一种是扁桃（*Mangifera persiciformis* C. Y. Wu），扁桃亦作园林绿化树和行道树，但果实味道极酸。

黄槐决明

Senna surattensis (Burm. f.) Irwin et Barneby

花期

1
2
3
4
5
6
7
8
9
10
11
12

黄槐决明的花

别名：金凤、豆槐、黄槐

科属：豆科番泻决明属

类型：灌木或小乔木

生态环境及分布：

原产于印度、斯里兰卡、印度尼西亚、菲律宾和澳大利亚、波利尼西亚等地，目前世界各地均有栽培。中国华南各省区有栽培，作绿篱和园林观赏植物。

花色：黄色

果实形态：荚果条形

黄槐决明的荚果

黄槐决明的植株

灌木或小乔木，高5~7米；分枝多，小枝有肋条；树皮颇光滑，灰褐色。偶数羽状复叶，小叶7~9对，长椭圆形或卵形，长2~5厘米，宽1~1.5厘米，下面粉白色，被疏散、紧贴的长柔毛，边全缘。总状花序生于枝条上部的叶腋内，萼片卵圆形，大小不等，有3~5脉；花瓣鲜黄至深黄色，卵形至倒卵形，长1.5~2厘米；雄蕊10枚，全部能育。荚果扁平，带状，开裂，长7~10厘米，顶端具细长的喙；种子10~12颗，有光泽。

木犀

Osmanthus fragrans Lour.

花期

1
2
3
4
5
6
7
8
9
10
11
12

木犀的花

别名：桂花

科属：木犀科木犀属

类型：灌木或小乔木

生态环境及分布：

原产于中国西南部，现南方各地均有栽培。

果期：1月~4月

花色：淡黄色、黄色或橘红色

果实形态：核果椭圆形

木犀的果实

木犀的植株

常绿灌木或小乔木，高达 12 米。叶革质，椭圆形至椭圆状披针形，长 4~12 厘米，宽 2~4 厘米，顶端急尖或渐尖，基部楔形，全缘或上半部疏生细锯齿，侧脉每边 6~10 条，网脉不甚明显，上面下凹，下面隆起；叶柄长约 2 厘米。花序簇生于叶腋；花梗纤细，长 3~10 毫米，基部苞片长 3~4 毫米；花萼长 1 毫米，4 裂，边缘啮蚀状；花冠淡黄色，极芳香，长 3~4.5 毫米，4 裂，花冠筒长 1~1.5 毫米；雄蕊 2 枚，花丝极短，着生于花冠筒近顶部。核果椭圆形，长 1~1.5 厘米，熟时紫黑色。

木犀是优良的庭园观赏树，花极芬芳，是一种名贵的食用香料和蜜源植物。

本种有四个栽培品种：

1. 丹　桂　（*Osmanthus fragrans* 'Aurantiacus'）　花橙黄色，秋季开花
2. 银　桂　（*Osmanthus fragrans* 'Latifolia'）　花乳白色，秋季开花
3. 金　桂　（*Osmanthus fragrans* 'Thunbergii'）　花金黄色，秋冬季开花
4. 四季桂　（*Osmanthus fragrans* 'Everaflorus'）　花淡黄色，四季开花

含笑花

Michelia figo (Lour.) Spreng.

花期

1
2
3
4
5
6
7
8
9
10
11
12

含笑花

别名：含笑梅、香蕉花

科属：木兰科含笑属

类型：灌木

生态环境及分布：

多生于阴坡杂木林中，溪谷沿岸尤为茂盛。深圳周边地区常见观赏栽培。

果期：7月~8月

花色：淡黄色

果实形态：聚合果卵圆形

含笑花

含笑花的植株

常绿灌木，高 2~3 米。树皮灰褐色；分枝很密；芽、幼枝、花梗和叶柄均密生黄褐色绒毛。叶革质，狭椭圆形或倒卵状椭圆形，长 4~10 厘米，宽 1.8~4 厘米，先端渐尖或尾状渐尖，基部楔形，全缘，上面有光泽，无毛，下面中脉上有黄褐色毛；叶柄长 2~4 毫米；托叶痕长达叶柄顶端。花单生于叶腋，直径约 12 毫米，淡黄色而边缘有时红色或紫色，芳香；花被片 6 枚，长椭圆形，长 12~20 毫米；雄蕊的药隔顶端急尖；雌蕊柄长约 6 毫米。聚合果长 2~3.5 厘米，蓇葖卵圆形或圆形，顶端有短喙。

含笑花的英文名叫作“banana shrub”，为“香蕉丛”之意，花开的时候，散发出一股像香蕉似的芬芳气味，这种气味能改善空气质量。花可提炼芳香油，可药用；花瓣可制花茶。

夜香树

Cestrum nocturnum L.

花期

1
2
3
4
5
6
7
8
9
10
11
12

夜香树的花

别名：夜来香、洋素馨

科属：茄科夜香树属

类型：灌木

生态环境及分布：

原产于美洲热带地区，现广植于各热带地区；中国广东、广西、福建、云南有栽培。

果期：全年

花色：黄色

果实形态：浆果球形

夜香树的花

夜香树的植株

直立或近攀缘状灌木，高 2~3 米。茎圆柱形，有长而下垂的枝条。单叶互生，纸质，矩圆状卵形或矩圆状披针形，长 8~15 厘米，宽 2.5~4 厘米，顶端渐尖，基部近圆形，侧脉每边 6~8 条，全缘。花序伞房状，腋生和顶生，疏散，长 7~10 厘米；花绿白色至黄绿色，晚间极香；花萼短，5 齿裂；花冠狭长管状，上部稍扩大，长约 2 厘米，5 浅裂，裂片短尖，近直立；雄蕊 5 枚。浆果倒卵球形，有 1 粒种子，基部有宿存的花萼，种子长圆状。

夜香树花色淡雅，味道芬芳，是著名的芳香树种，适合作园林观赏植物。

双荚决明

Senna bicapsularis (L.) Roxb.

花期

1
2
3
4
5
6
7
8
9
10
11
12

双荚决明的花

别名：双荚槐

科属：豆科番泻决明属

类型：灌木

生态环境及分布：

原产于美洲热带地区，现广布于世界热带地区。中国广东、广西等省区有栽培作园林观赏植物。

果期：11月～次年3月

花色：黄色

果实形态：荚果圆柱形

直立灌木，多分枝，无毛。叶长7~12厘米，有小叶3~4对；小叶倒卵形或倒卵状圆形，长2.5~4.5厘米，宽1.5~2厘米，膜质，顶端圆钝，背面粉绿色。总状花序生于枝条顶端的叶腋间，常集成伞房花序状，有花8~14朵，花瓣5枚，鲜黄色，雄蕊10枚。荚果圆柱状，膜质，直或微曲。

花色明艳，花期长，常种植于路边、林缘下，丛植或列植。

双荚决明的果实

灰莉

Fagraea ceilanica Thunb.

花期

1
2
3
4
5
6
7
8
9
10
11
12

灰莉的花

别名：华灰莉、非洲茉莉

科属：龙胆科灰莉属

类型：灌木或小乔木

生态环境及分布：

生于海拔 500~1800 米山地密林中或石灰岩地区阔叶林中。原产中国云南、广西、海南，东南亚及大洋洲也有分布。

果期：7 月 ~ 次年 3 月

花色：白色

果实形态：浆果球形

灰莉的果实

灰莉的植株

灌木或小乔木。树皮灰色。小枝粗厚，圆柱形；全株无毛。叶片肉质，椭圆形，叶面深绿色，中脉扁平，叶背微凸起；叶柄基部具有由托叶形成的腋生鳞片。花单生或组成顶生二歧聚伞花序；花序梗短而粗，基部有披针形的苞片；花梗粗壮，有宽卵形小苞片；花萼绿色，裂片卵形至圆形；花冠漏斗状，白色；花药长圆形至长卵形。浆果卵状或近圆球状，顶端有尖喙，淡绿色，基部有宿萼；种子椭圆状肾形。

中国南方一些城市大量栽培作园林绿化植物，耐阴，又可盆栽，可置于宾馆或礼堂等场所美化环境。

黄脉爵床

Sanchezia oblonga Ruiz et Pav.

花期

1
2
3
4
5
6
7
8
9
10
11
12

黄脉爵床的花

别名：小苞黄脉爵床

科属：爵床科黄脉爵床属

类型：灌木

生态环境及分布：

原产于南美洲厄瓜多尔，在热带地区广泛栽培。在中国广东、海南、云南、香港、澳门及台湾均有栽培，作观叶植物。

果期：6月~12月

花色：黄色

果实形态：蒴果条形

常绿直立灌木，植株1~3米。嫩枝四棱柱形，具沟槽。叶片长圆形或椭圆形，长7~20厘米，宽3~9厘米，顶端渐尖或尾尖，基部楔形至宽楔形，边缘为波状圆齿，侧脉8~15条，粗壮，与中脉均为黄色。顶端穗状花序小花冠黄色至橘黄色，花冠筒长5厘米，裂片5枚，近圆形，花开后外卷；雄蕊2枚，伸出冠外。蒴果条状椭圆形，长1.1~1.4厘米。

深圳各公园及庭园常见栽培，作观叶和观花植物。

本种学名常被误定为*Sanchezia nobilis* J.D.Hook，但本种的苞片比后者大很多。

黄脉爵床的植株

黄蝉

Allamanda schottii Pohl

花期

1
2
3
4
5
6
7
8
9
10
11
12

黄蝉的花

别名：黄兰蝉

科属：夹竹桃科黄蝉属

类型：灌木

生态环境及分布：

原产于巴西，已广泛栽培于热带地区。中国华南地区庭园常见栽培观赏。

果期：10月~12月

花色：黄色

果实形态：蒴果球形

黄蝉的果实

黄蝉

常绿直立灌木，高达 2 米，枝条灰色。叶 3~5 枚轮生，叶片长椭圆形，长 5~12 厘米，宽 2~4 厘米，基部楔形，先端急尖，侧脉每边 7~12 条，全缘。聚伞花序顶生，有花十数朵，花冠柠檬黄色，漏斗状，直径 5~7 厘米，花冠筒基部膨大，中间有红褐色条纹斑；雄蕊内藏，花丝短。蒴果球形，密生长刺，种子扁平，具薄膜质边缘。

花色金黄，明艳，种植于公园、公共绿化地等。

植株乳汁有毒，人畜误食会出现心跳加快的症状，循环系统及呼吸系统受损。妊娠动物误食会流产。

软枝黄蝉

Allamanda cathartica L.

花期

1
2
3
4
5
6
7
8
9
10
11
12

软枝黄蝉的花

别名：无心花

科属：夹竹桃科黄蝉属

类型：灌木

生态环境及分布：

原产于南美洲、巴西，中国引入栽培。

果期：秋至冬季

花色：黄色

果实形态：蒴果球形

软枝黄蝉花的剖面

软枝黄蝉的植株

多年生常绿灌木，植株高 2 米。枝条柔软、弯垂，全株具透明的乳汁。茎干绿色至深褐色。叶近无柄，3~5 枚轮生或 2 枚对生，叶片阔披针形，长 6~15 厘米，宽 4~5 厘米，基部楔形，先端渐尖，侧脉每边 6~12 条，厚革质，有光泽，全缘。聚伞圆锥花序顶生，花冠五裂，漏斗状，直径 10~12 厘米，橙黄色。蒴果球形，绿色，外被硬皮刺，翌年成熟。

软枝黄蝉的花大、美丽，是优良的园林观赏植物，多种植于庭院、公园或绿地的棚架、绿篱等。它有个别名叫作“无心花”，指其无雄蕊和雌蕊，只有空荡荡的花冠筒。事实并非如此，无心花并非无心。原来，其柱头藏在花冠筒喉部，花药呈圆锥状紧贴地排列在柱头上方，把花药和柱头都藏起来，靠长舌蜂来帮忙授粉。这种蜂的喙特别长，刚好能够到达花冠筒的底部，吸取香甜的花蜜。

红纸扇

Mussaenda erythrophylla Schumach.et Thonn.

花期

1
2
3
4
5
6
7
8
9
10
11
12

红纸扇的花和萼片

别名：红玉叶金花、血萼花

科属：茜草科玉叶金花属

类型：灌木

生态环境及分布：

原产于西非，中国引入栽培作园林观赏植物。

果期：秋季

花色：黄色

果实形态：浆果球形

半落叶灌木，植株高1~3米。叶对生，纸质，披针状椭圆形，长7~9厘米，宽4~5厘米，顶端长渐尖，基部渐窄，两面被稀柔毛，叶脉红色。聚伞花序顶生；花萼裂片5枚，其中1萼片扩大成深红色叶状，萼叶卵圆形，有纵脉5条，被柔毛；花冠金黄色，高脚碟状，花冠筒长1.1~2厘米。浆果球形。

苞片艳丽，多种植于公园、路边或庭院栽培观赏。

红纸扇不失为一个“广告达人”，懂得扬长避短。它本身的花朵非常小，但它将一枚萼片变态为鲜红的叶状，鲜艳夺目，引来蜂蝶的注意，完成授粉任务。由此可见，不仅仅人类会做五花八门的广告，植物其实也同样会。

红纸扇的植株

米仔兰

Aglaia odorata Lour.

花期

1
2
3
4
5
6
7
8
9
10
11
12

米仔兰

别名：米兰、碎米兰

科属：楝科米仔兰属

类型：灌木或小乔木

生态环境及分布：

分布于东南亚及中国的福建、广东、广西、四川、云南；常作园林栽培。

果期：7月～次年3月

花色：黄色

果实形态：浆果卵形

米仔兰的果实

米仔兰的植株

常绿灌木或小乔木，高 4~7 米，多分枝；幼嫩部分常被星状锈色鳞片。单数羽状复叶互生，长 5~12 厘米；轴叶有狭翅，小叶 3~5，纸质，对生，倒卵形至矩圆形，长 2~7 厘米，宽 1~3.5 厘米。花杂性异株；圆锥花序腋生；花黄色，极香；花萼 5 裂，裂片圆形；花瓣 5 枚，矩圆形至近圆形；雄蕊 5 枚，花丝合生成筒，筒较花瓣略短，顶端全缘。浆果卵形或近球形，被疏星状鳞片；种子有肉质假种皮。

米仔兰是中国著名的香花树种，适合公园、小区、庭院种植观赏，或路边做绿篱。

米仔兰的花朵黄色圆球形，小如粟米，密似繁星，香胜蕙兰，像一串串的小米挂在植株上，因而得名“米仔兰”。

萍蓬草

Nuphar pumila (Timm) DC.

花期

1

2

3

4

5

6

7

8

9

10

11

12

萍蓬草的叶

别名：黄金莲、萍蓬莲

科属：睡莲科萍蓬草属

类型：草本

生态环境及分布：

生在湖沼中。分布于江苏、浙江、江西、福建、广东等省区。现人工栽培于各公园及植物园水生区做观赏植物。

果期：7月~9月

花色：黄色

果实形态：浆果卵形

多年水生草本；根状茎直径2~3厘米。叶纸质，宽卵形或卵形，少数椭圆形，长6~17厘米，宽6~12厘米，先端圆钝，基部心形，裂片远离，圆钝，上面光亮，无毛，下面密生柔毛，侧脉羽状，几次二歧分枝；叶柄长20~50厘米，有柔毛。花直径3~4厘米；花梗长40~50厘米，有柔毛；萼片黄色，外面中央绿色，矩圆形或椭圆形，长1~2厘米；花瓣窄楔形，长5~7毫米，先端微凹；柱头盘常10浅裂，淡黄色或带红色。浆果卵形，长约3厘米；种子矩圆形，长5毫米，褐色。

萍蓬草花色艳丽，初夏时开放，是夏季水景园中极为重要的观赏植物，常种植于公园或植物园水生区内。

听到"萍蓬"二字，人们常常联想到漂泊不定，居无定所，如唐朝杜甫的诗"苔竹素所好，萍蓬无定居"。但诗中"萍蓬"并非指的是"萍蓬草"，同时萍蓬草也并不是漂浮不定的植物，它的根部是固定在水底的泥土之中的。

萍蓬草的花

南美蟛蜞菊

Sphagneticola trilobata (L.) Pruski

花期

1
2
3
4
5
6
7
8
9
10
11
12

南美蟛蜞菊

别名：三裂蟛蜞菊

科属：菊科蟛蜞菊属

类型：草本

生态环境及分布：原产于美洲热带地区，中国华南各省区多栽培。逸生于广东、福建等沿海低山灌木林或次生林中。

果期：全年

花色：黄色

果实形态：瘦果长圆形

多年生草本，矮小，匍匐状，被短而压紧的毛。叶对生；矩圆状披针形，长2.5~7厘米，先端短尖或钝，基部狭而近无柄，边近全缘或有锯齿，主脉3条，叶片绿色，光亮。头状花序，具长柄，腋生或顶生，花序直径约1.8厘米；总苞片2列，披针形或矩圆形，长8~10毫米，内列较小；花托扁平；边缘舌状花1列，雌性，黄色，10~12朵；中央管状花，两性，先端5裂齿。瘦果扁平，无冠毛。

常作花坛及庭园美化，可丛植。定砂能力佳，为护坡、护堤覆盖植物。

南美蟛蜞菊不择土壤、生长极为迅速、竞争性强，并能抑制其他植物生长，在华南地区已经出现了逸化现象，成了仅次于薇甘菊和五爪金龙之后的外来入侵植物，已经危及其他原生本土植物的正常生长，这需要农林部门及园林工作者深思和重视，在引进外种时候综合考虑其利弊及原生态环境的保护。

南美蟛蜞菊

蔓花生

Arachis pintoi Krapov.et W.C.Greg.

花期

1
2
3
4
5
6
7
8
9
10
11
12

蔓花生的花

别名：遍地黄金

科属：豆科落花生属

类型：草本

生态环境及分布：

原产于南美洲及亚洲热带地区，世界热带地区广为栽培。园林中常用于路边、草坡等地被植物。

花色：黄色

果实形态：未见果

多年生宿根草本。茎匍匐，长10~80厘米，有分枝，下部节上生不定根，疏被长柔毛。羽状复叶有小叶2对；托叶狭长圆状披针形，长1.8~2厘米。花长0.7~1.2厘米；苞片与小苞片均为条状披针形，长约1厘米；花冠黄色，各瓣均具甚短的瓣柄，旗瓣近圆形，翼瓣宽倒卵形，龙骨瓣狭窄；雄蕊9枚；花柱伸出雄蕊管之外。花期全年，未见果。

蔓花生花色艳丽，覆盖能力强，园林中常用于路边、草坡等地被植物。

夏花生

鹰爪花

Artabotrys hexapetalus (L.f.) Bhandari

花期

1
2
3
4
5
6
7
8
9
10
11
12

鹰爪花的花

别名：五爪兰、鹰爪兰

科属：番荔枝科鹰爪花属

类型：藤状灌木

生态环境及分布：

中国南方地区常有栽培，少数野生；印度至菲律宾也有分布。

果期：5月～12月

花色：黄色

果实形态：浆果卵形

鹰爪花的果实

鹰爪花的植株

攀缘灌木，无毛或近无毛，高3~4米。叶纸质，矩圆形或宽披针形，长6~16厘米，宽2.5~6厘米，先端渐尖或急尖，基部楔形。花1~2朵，生在木质钩状的总花梗上，淡绿色至淡黄色，芳香，直径2.5~3厘米；萼片3枚，卵形，长约8毫米，下部合生；花瓣6枚，2轮，镊合状排列，外轮比内轮大，矩圆形至卵状披针形，长3~4.5厘米，宽约1厘米，近基部收缩。浆果卵形，长2.5~4厘米，直径约2.5厘米，顶端尖，数个聚生于花托上。

常栽培于公园、植物园、风景区路边做观赏植物。

花芳香，可提取香精油，亦供熏茶用；果实捣烂贴患处，可治头颈部淋巴结核。

同科植物中，鹰爪花容易跟另外两种植物假鹰爪花（*Desmos chinensis* Lour.）和依兰香【*Cananga odorata* (Lamk.) Hook.f.et Thoms.】混淆。

红花羊蹄甲

Bauhinia x blakeana Dunn

紫红

美丽异木棉

Ceiba speciosa (A.St.-Hil.) Ravenna

花期

1
2
3
4
5
6
7
8
9
10
11
12

美丽异木棉的花

美丽异木棉的果实

别名：美人树、丝木棉

科属：锦葵科吉贝属

类型：乔木

生态环境及分布：

原产于南美洲，世界热带地区常见栽培，现深圳大量栽培作为园林观赏树。

果期：3月~5月

花色：淡紫红色

果实形态：蒴果椭圆形

美丽异木棉的树干

美丽异木棉的植株

落叶大乔木，高 10~15 米，树干下部膨大，幼树树皮浓绿色，密生圆锥状皮刺，侧枝放射状水平伸展或斜向上伸展。掌状复叶有小片 5~9 片；叶柄 4~12 厘米，无毛；小叶坚纸质，椭圆状，长 12~14 厘米，边缘有锯齿，两面无毛。花单生或 2~3 朵簇生在枝顶叶腋，花冠淡紫红色，中心白色；花瓣 5 枚，反卷。蒴果椭圆形， 种子黑色，藏于白色绵毛中。

中国南方城市作为园林观赏树引入。深圳很多地方如莲花山公园和中心公园有比较大规模种植，每年秋末冬初盛开，花色艳丽，绯红如一片彩霞。

美丽异木棉跟豆科的红花羊蹄甲（*Bauhinia* × *blakeana* Dunn）花色相似，人们常常误认为是红花羊蹄甲，其实，两者从叶型或树干外部特征等来看，相差甚远。

二乔玉兰

Magnolia x soulangeana Thiéb.-Bern.

花期

1
2
3
4
5
6
7
8
9
10
11
12

二乔玉兰的花

别名：二乔木兰

科属：木兰科木兰属

类型：乔木

生态环境及分布：

分布于中国华南、西南、华东。常植于公园、绿地和庭院作观赏植物。

果期：9月~10月

花色：紫红色

果实形态：聚合蓇葖果

落叶小乔木，植株高6~10米。单叶互生，倒卵形至宽椭圆形，先端短急尖，表面有光泽，被柔毛。花钟状，花外面淡紫色，里面白色，有香气，先花后叶。聚合蓇葖果，是玉兰和紫玉兰的杂交种。

花形独特，色彩鲜艳，花期长，常种植于公园、绿地、庭院作观赏植物和行道树。深圳莲花山公园、笔架山公园和仙湖植物园有较大规模的人工种植作园林观赏植物。

二乔玉兰花色美丽，综合了玉兰和紫玉兰的各自优点，花瓣里面白色，外面紫红色，风情暗藏，由文字浮想联翩开来，令人不由自主想到了杜牧《赤壁》：“东风不与周郎便，铜雀春深锁二乔。”吴国二乔，深锁铜雀，春恨无限。

二乔玉兰

红花羊蹄甲

Bauhinia × blakeana Dunn

花期

1
2
3
4
5
6
7
8
9
10
11
12

红花羊蹄甲

别名：洋紫荆

科属：豆科羊蹄甲属

类型：乔木

生态环境及分布：

世界各地广泛栽培，作为美丽的观赏树木。

花色：紫红色

果实形态：通常不结果

红花羊蹄甲的花

红花羊蹄甲

乔木；分枝多，小枝细长，被毛。叶革质，近圆形或阔心形，基部心形，有时近截平，先端2裂为叶全长的1/4~1/3，裂片顶钝或狭圆；基出脉11~13条。总状花序顶生或腋生，有时复合成圆锥花序，被短柔毛；苞片和小苞片三角形；花大，美丽；花蕾纺锤形；萼佛焰状，有淡红色和绿色线条；花瓣紫红色，具短柄，倒披针形，近轴的1片中间至基部呈深紫红色；能育雄蕊5枚，其中3枚较长；退化雄蕊2~5枚。通常不结果。

在中国香港和台湾被称为“洋紫荆”，香港货币上用的是红花羊蹄甲，即港版的“洋紫荆”。

跟它相似的另外两个同科属的种分别是洋紫荆（*Bauhinia variegata* L.）和羊蹄甲（*Bauhinia purpurea* L.），三者容易搞混，需要仔细区别。

洋紫荆

Bauhinia variegata L.

花期

1
2
3
4
5
6
7
8
9
10
11
12

洋紫荆的花

别名：宫粉紫荆、宫粉羊蹄甲

科属：豆科羊蹄甲属

类型：乔木

生态环境及分布：

产自中国南部。印度、越南有分布，适合热带地区栽培，为行道树或庭园树种。

果期：5月～次年3月

花色：粉红色

果实形态：荚果条形

落叶乔木，高5~8米。叶形变化较大，圆形至阔卵形，有时几为肾形，先端二裂，裂至叶片的1/4~1/2，基部浅至深心形，有时近截形，两面近无毛，脉11~15条。花大，几无花梗，排列呈少花的短总状花序，粉红色或白色，具紫色线纹；萼管状，有茸毛，裂片卵形，呈佛焰苞状，先端具5个小齿；花瓣倒披针形或倒卵形；发育雄蕊5枚；子房有毛。荚果条形，长15~25厘米，宽1.5~2厘米，扁平，有种子10~15颗。

洋紫荆花色美丽，花期长，生长迅速，广州、深圳等华南城市常作为行道树或庭园树种。

洋紫荆

大花紫薇

Lagerstroemia speciosa (L.) Pers.

花期

1
2
3
4
5
6
7
8
9
10
11
12

大花紫薇的花

别名：百日红、大叶紫薇

科属：千屈菜科紫薇属

类型：乔木

生态环境及分布：

产自东南亚、澳大利亚；世界热带地区多有栽培。中国华南城市的园林绿地常见栽培。

果期：7月~11月

花色：紫红色、紫色

果实形态：蒴果球形

大花紫薇的果实

大花紫薇的植株

大乔木，高 5~10 米；树皮灰色，平滑；枝圆筒形，无毛。叶椭圆形或卵状椭圆形，长 10~25 厘米，宽 6~12 厘米，两面无毛。圆锥花序长 15~25 厘米或更长，花序轴、花梗和花萼外面密被黄褐色毡毛；花萼长约 13 毫米，有棱 12 条，6 裂，裂片三角形，外反，内面无毛，附属体鳞片状；花瓣 6 枚，近圆形至长圆状倒卵形，花紫红色或紫色；雄蕊多数。蒴果球形至倒卵状长圆形，长 2~3 厘米，褐灰色，6 裂，基部具宿存的被丝托及萼片；种子多数，长 10~15 毫米。

大花紫薇的植株生长健壮，是美丽的观花树种，华南城市的园林绿地常见栽培作观赏树和行道树。

阳桃

Averrhoa carambola L.

花期

1
2
3
4
5
6
7
8
9
10
11
12

阳桃的花

别名：杨桃、五敛子、洋桃

科属：酢浆草科阳桃属

类型：乔木

生态环境及分布：

原产于马来西亚及印尼；现广植于热带各地。中国华南有栽培，是南方果树之一。也可栽作庭园观赏树。

果期：7月~12月

花色：紫红色

果实形态：浆果长椭圆形

阳桃的果实

阳桃的植株

常绿乔木，高 5~10 米。树皮灰褐色，平滑；幼枝被柔毛，有小皮孔。奇数羽状复叶互生；小叶 5~11 片，卵形至椭圆形，长 3~6.5 厘米，宽 2~3.5 厘米，叶下面被疏柔毛。花序圆锥状，腋生、顶生或生于老枝上；萼片 5 枚，红紫色，基部合生；花瓣 5 枚，淡紫色，近钟形；雄蕊 10 枚；子房 5 室。浆果长椭圆形，长 7~15 厘米，宽 5~8 厘米，淡黄绿色，表面光滑，具 5 条纵向的脊状隆起，横切面呈五角星形，种子少数，褐色。

其优良品种果味甜而多汁，宜于生食。

红木

Bixa orellana L.

花期

1
2
3
4
5
6
7
8
9
10
11
12

红木的花

别名：胭脂木

科属：红木科红木属

类型：小乔木或灌木

生态环境及分布：

原产于美洲热带地区。在中国广东、广西、福建、云南、台湾、香港有栽培。

果期：11月～次年3月

花色：粉红色

果实形态：蒴果卵形

红木的果实

红木的植株

小乔木或常绿灌木，高 3~7 米；小枝和花序有短腺毛。叶纸质，卵形，长 8~20 厘米，宽 5~13 厘米，无毛，基出脉 5 条，全缘；叶柄长 2.5~7.5 厘米。圆锥花序顶生，长 5~10 厘米；花粉红色，直径 4~5 厘米；萼片 5 枚，圆卵形，长约 1 厘米，外面密生褐黄色鳞片；花瓣 5 枚，长约 2 厘米；雄蕊多数，花药顶孔开裂。蒴果卵形或近球形，长 2.5~4 厘米，密生长刺，极像栗子的壳斗，2 瓣裂；种子红色。

种子外皮可制红色染料，供染果点和纺织物用；树皮可作绳索；种子供药用，为收敛退热剂。

在西印度群岛，当地居民自古就有用红木色素涂抹身体打扮自己的习俗，并沿用至今。他们将红木种子在热水中浸泡几天，直到假种皮脱落悬浮于水中，然后除去种子，放置发酵一周，直到色素全部沉积于容器底部，最后滤取晒干，捏成块饼状保存或出售。

木芙蓉

Hibiscus mutabilis L.

花期

1
2
3
4
5
6
7
8
9
10
11
12

木芙蓉的花

别名：芙蓉花、拒霜

科属：锦葵科木槿属

类型：灌木或小乔木

生态环境及分布：

原产于中国，日本和东南亚各国也有栽培。常作园林栽培。

果期：12月

花色：粉红色、白色

果实形态：蒴果扁球形

木芙蓉的果实

木芙蓉的植株

落叶灌木或小乔木，高2~5米；茎具星状毛及短柔毛。叶片纸质，卵圆状心形，直径10~15厘米，常5~7裂，裂片三角形，边缘钝齿，两面均具星状毛，掌状脉7~11条；叶柄长5~20厘米。花单生枝端叶腋，单瓣或重瓣，花梗长5~8厘米，近端有节；小苞片8枚，条形，长10~16毫米；花萼钟形，长2.5~3厘米，5裂；花冠白色或淡红色，后变深红色，直径8厘米，雄蕊柱长3厘米，花柱分枝5个，柱头头状。蒴果扁球形，直径约2.5厘米，被黄色刚毛及绵毛，果瓣5，成熟后开裂；种子多数，肾形。

木芙蓉是中国著名的庭院花卉，常作园林栽培。木芙蓉有单瓣与重瓣之分。因其花或白或粉，皎若芙蓉出水，艳似菡萏展瓣，故有“芙蓉花”之称，又因其生于陆地，为木本植物，故又名“木芙蓉”。“晓妆如玉暮如霞，幽姿芙蓉独自芳 。”清晨初开时，花朵洁白，午后慢慢转为粉红色，到傍晚花朵快闭合时，颜色呈深红色，故有“三醉芙蓉”之美称。

木槿

Hibiscus syriacus L.

花期

1
2
3
4
5
6
7
8
9
10
11
12

木槿的花

别名：朝开暮落花

科属：锦葵科木槿属

类型：灌木

生态环境及分布：

原产于中国中部各省区，现在全国各地均有栽培。

果期：9月~11月

花色：淡紫色、白色、红色

果实形态：蒴果卵圆形

落叶灌木，高2~4米。叶片纸质，菱状卵圆形，长3~6厘米，宽2~4厘米，常3裂，基部楔形，下面有毛或近无毛；叶柄长5~25毫米；托叶条形，长约为花萼之半。花单生叶腋，花梗长4~14毫米，有星状短毛；小苞片6或7枚，条形，长6~15毫米，有星状毛；花萼钟形，裂片5枚；花瓣5枚，淡紫、白、红等色，直径5~6厘米，雄蕊柱长3厘米，无毛。蒴果卵圆形，密生星状绒毛；种子肾形，背面被白色长柔毛。

花色美丽，园林中多用作花篱、绿篱栽种。茎皮纤维作造纸原料；花白色者常作蔬菜。

《诗经·郑风》云：“有女同车，颜如舜华。”“有女同行，颜如舜英。”诗人盛赞心仪的女子容颜如木槿花般美丽。木槿花朝开夕落，仅荣一瞬，故古书称之为“舜”，因此，木槿又被称为“朝开暮落花”。

木槿

非洲芙蓉

Dombeya wallichii (Lindl.) K.Schum.

花期

1
2
3
4
5
6
7
8
9
10
11
12

非洲芙蓉

别名：吊芙蓉、百铃花、粉红球

科属：锦葵科非洲芙蓉属

类型：灌木

生态环境及分布：

原产于东非、马达加斯加等地，现已广泛种植于世界不同地区。中国南方地区多有栽培。

花色：粉红色

果实形态：蒴果

非洲芙蓉的花

非洲芙蓉的植株

常绿灌木，高 2~6 米。分枝多，茎皮具韧性，全体密被浅褐色星状毛。叶心形，较大，叶面粗糙质感，单叶互生，长 8~15 厘米，具托叶，叶缘具锯齿，掌状脉 7~9 条，被柔毛。复伞形花序成圆球形，花大型，由叶腋间抽生而出，花冠粉红色，由 20 余朵小花构成悬挂花球。

非洲芙蓉的花非常奇特，开花时候会长出花轴，花轴悬挂一个花球，包含 20 多朵粉红色的小花，每朵小花有 5 枚花瓣，全开时极像一个粉红色的花球，所以，英文名字也叫作 “Pink ball” 。

学名中种名 *wallichii* 以丹麦籍外科医师及植物学家纳萨尼尔·瓦立池（Nathaniel Wallich，1786.1.28–1854.4.28）命名，以纪念其对印度、孟加拉等地植物学的贡献。

尖齿臭茉莉

Clerodendrum lindleyi Decne. ex Planch.

花期

1
2
3
4
5
6
7
8
9
10
11
12

尖齿臭茉莉的花

别名：臭八宝、臭梧桐、臭牡丹

科属：唇形科大青属

类型：灌木

生态环境及分布：

产自中国华北、西北、西南。生山坡、林缘或沟旁。常栽培以供观赏。

果期：5月~11月

花色：淡红色

果实形态：核果球形

灌木，高1~2米，嫩枝梢有柔毛，枝内白色中髓坚实。叶有强烈臭味，宽卵形或卵形，长10~20厘米，宽5~15厘米，顶端尖或渐尖，基部心形或近截形，边缘有大或小的锯齿，两面多少有糙毛或近无毛，下面有小腺点。聚伞花序紧密，顶生，苞片早落，花有臭味；花萼紫红色或下部绿色，长3~9毫米，外面有绒毛和腺点；花冠淡红色、红色或紫色，长约1.5厘米；花柱不超出雄蕊。核果倒卵形或球形，直径0.8~1.2厘米，成熟后蓝紫色。

花色美丽，花形硕大，可供观赏。

尖齿臭茉莉

蔓马缨丹

Lantana montevidensis (Spreng.) Briq.

花期

1
2
3
4
5
6
7
8
9
10
11
12

蔓马缨丹

别名：紫花马缨丹、小叶马缨丹

科属：马鞭草科马缨丹属

类型：灌木

生态环境及分布：

原产于南美洲，全世界各热带地区均有栽培供观赏或逸生。

果期：全年

花色：紫红色

果实形态：核果圆球形

蔓马缨丹的果实

蔓马缨丹

常绿蔓性小灌木。茎蔓延，常铺地，长 0.4~1.5 米，多分枝，坚硬，被柔毛。叶片纸质，卵形至卵状长圆形，长 1.5~3.5 厘米，宽 0.7~2 厘米，基部楔形，先端急尖，侧脉每边 4~5 条，边缘有圆齿。穗状花序缩短呈头状，腋生，花序直径约 2.5 厘米，具长总花梗；花冠紫色、紫红色，花冠管纤细，约 8 毫米，檐部开展，具 4~5 裂片；苞片阔卵形，长不超过花冠管的中部；雄蕊 4 枚。核果球形，成熟时黑色。

中国福建、广东、广西、海南、云南、台湾、香港、澳门均有栽培，偶见逸生。

花期长，不择土壤，观赏性很强，常被种植于路边、坡地作绿化，也可以用于花坛、花境。

蔓马缨丹容易跟同科属植物马缨丹（*Lantana camara* L.）混淆。

紫薇

Lagerstroemia indica L.

花期

1
2
3
4
5
6
7
8
9
10
11
12

紫薇的花

别名：百日红、痒痒树

科属：千屈菜科紫薇属

类型：灌木或小乔木

生态环境及分布：

分布于中国华东、华中、华南与西南。现各地普遍栽培，作庭院、小区、公园栽培观赏植物。

果期：9月~12月

花色：紫红、粉红、白色

果实形态：蒴果球形

紫薇的果实

紫薇的植株

落叶灌木或小乔木，高 3~6 米；树皮褐色，平滑；小枝略呈四棱形，通常有狭翅。叶对生或近对生，上部的互生，椭圆形至倒卵形，长 3~7 厘米，宽 2.5~4 厘米，近无毛或沿背面中脉有毛，具短柄。圆锥花序顶生，无毛；花淡红色、紫色或白色，直径 2.5~3 厘米；花萼半球形，长 8~10 毫米，绿色，平滑，无毛，顶端 6 浅裂；花瓣 6 枚，近圆形，呈皱缩状，边缘有不规则缺刻，基部具长爪；雄蕊多数，生于萼筒基部，通常外轮 6 枚较长。蒴果近球形，6 瓣裂，基部具宿存花萼；种子有翅。

紫薇的花期长达 4 个月，从夏至秋，花开不断，故名“百日红”。其树干光滑，用手触摸，虽无风却可见树身轻摇，犹如人怕痒态，故又称“痒痒树”。在中国有很长的栽培历史，唐代诗人白居易曾赋诗：“丝纶阁下文章静，钟鼓楼中刻漏长。独坐黄昏谁是伴，紫薇花对紫薇郎。”

细叶萼距花

Cuphea hyssopifolia Kunth

花期

1
2
3
4
5
6
7
8
9
10
11
12

细叶萼距花的植株

别名：细叶雪茄花、满天星

科属：千屈菜科萼距花属

类型：灌木

生态环境及分布：

原产于南美洲巴西、墨西哥等地。深圳周边大量栽培，作为花坛、低矮绿篱的观赏植物。

花色：紫红、粉红、白色

果实形态：蒴果椭圆形

常绿小灌木，高 30~60 厘米，茎直立，具黏质柔毛或硬毛。叶对生，线形、线状披针形或倒线状披针形，长 1~1.5 厘米，宽 0.3~0.4 厘米，顶端渐尖，中脉在下面凸起，有叶柄。花单生叶腋，花梗长 2~6 毫米；花萼长 16~24 毫米，被黏质柔毛或粗毛，基部有距；花瓣 6 枚，紫红色、淡紫色、白色。雄蕊 9~11 枚，花丝长短不等。蒴果椭圆形，有种子数颗。

花期全年，随枝梢的生长而不断开花。细叶萼距花单生于叶腋，小而多，盛花时似满天繁星，故又名“满天星”。

细叶萼距花

夹竹桃

Nerium oleander L.

花期

1
2
3
4
5
6
7
8
9
10
11
12

夹竹桃的花

别名：柳叶桃

科属：夹竹桃科夹竹桃属

类型：灌木

生态环境及分布：

原产于伊朗、印度；中国各省有栽培，作为园林观赏植物和行道植物。

果期：一般在冬春季

花色：红色、白色、粉红色

果实形态：蓇葖果长圆形

夹竹桃的果实

夹竹桃的植株

常绿直立大灌木，高 3~6 米。叶 3~4 枚轮生，下枝对生，窄披针形，长 5~21 厘米，宽 1~3.5 厘米；中脉在叶面陷入，在叶背凸起，侧脉两面密而平行。聚伞花序顶生；苞片披针形；花萼 5 深裂，红色，披针形；花冠深红色、粉红色或白色，花冠为单瓣呈 5 裂时，为漏斗状，喉部具 5 片鳞状副花冠，顶端撕裂，伸出花冠喉部；花瓣为重瓣时，裂片组成三轮；雄蕊着生在花冠筒中部以上。蓇葖果 2，长圆形，两端较狭，绿色；种子长圆形，顶端具有黄褐色绢质种毛。

夹竹桃对粉尘和烟尘有较强的吸附力，被誉为“绿色吸尘器”。

夹竹桃属于剧毒植物之一，全株有毒，它的乳白色汁液中含有一种叫“夹竹桃甙”的有毒物质，误食能使人丧命。

深圳常见的栽培品种还有：白花夹竹桃（*Nerium oleander*‘Album’）、花叶夹竹桃（*Nerium oleander*）、桃红夹竹桃（*Nerium oleander*‘Roseum’）。

红花檵木

Loropetalum chinense var. *rubrum* Yieh

花期

1

2

3

4

5

6

7

8

9

10

11

12

红花檵木的花

别名：红桎木、红花继木

科属：金缕梅科檵木属

类型：灌木或小乔木

生态环境及分布：

生丘陵或荒山灌丛中。分布在长江中下游以南，北回归线以北地区。现为人工栽培。

果期：9月~10月

花色：紫红色

果实形态：蒴果倒卵圆形

常绿灌木或小乔木。树皮暗灰或浅灰褐色，多分枝。嫩枝红褐色，密被星状毛。叶革质互生，卵圆形或椭圆形，长2~5厘米，先端短尖，基部圆而偏斜，不对称，两面均有星状毛，全缘，暗红色。花3~8朵簇生；花瓣4枚，红色，条形，长1~2厘米；雄蕊4枚。蒴果木质，倒卵圆形，有星状毛，2瓣裂开。

红花檵木萌芽力和发枝力强，耐修剪，常作观赏植物种植于公园、庭院、道路绿化带，也可造型或作花篱观赏。为檵木【*Loropetalum chinense* (R. Br.) Oliver】的变种。

红花檵木的植株

变叶珊瑚花

Jatropha integerrima Jacq.

花期

1
2
3
4
5
6
7
8
9
10
11
12

变叶珊瑚花的雌花

变叶珊瑚花的雄花

别名：南洋樱、琴叶珊瑚

科属：大戟科麻疯树属

类型：灌木

生态环境及分布：

原产于美洲西印度群岛，热带、亚热带地区广泛种植。中国南方常有栽培。

果期：全年

花色：紫红色

果实形态：蒴果球形

变叶珊瑚花的果实

变叶珊瑚花的植株

变叶珊瑚花的叶子基部小刺

常绿灌木，高 1~2 米，具白色乳汁。单叶互生，倒阔披针形，长 4~11 厘米，宽 2~4.5 厘米，全缘，稀 3 裂，常丛生于枝条顶端，叶端急尖或渐尖，叶面浓绿色，平滑，叶背紫绿色； 叶基有 2~3 对锐刺，叶柄具茸毛。聚伞花序腋生，花瓣 5 枚，花冠紫红色，单性花，雌雄同株，自着生于不同的花序上。蒴果球形，具 3 棱，6 裂，成熟后呈黑褐色。

花色艳丽，花期长，常种植于公园、植物园及小区绿化地。

变叶珊瑚花属于雌雄同株，单性花。雌、雄花分别着生于不同的花序上，雌花长在花序的中心，侧生 4~6 朵雄花，像众星捧月一样。开花时通常会先开花序中间的雌花，再开周围的雄花，这样一来，雌雄花不同时开，巧妙地避免了自花授粉，保障它下一代的质量。

其叶形似乐器中的古琴，故又得名“琴叶珊瑚”。

巴西野牡丹

Tibouchina semidecandra (Mart.et Schrank ex DC.) Cogn.

花期

1
2
3
4
5
6
7
8
9
10
11
12

巴西野牡丹的花

别名：山石榴、巴西蒂牡丹

科属：野牡丹科光荣树属

类型：灌木

生态环境及分布：

原产于巴西，热带、亚热带地区广泛种植。中国南方常有栽培。

果期：全年

花色：紫蓝色、白色

果实形态：蒴果球形

常绿灌木，植株高 30~100 厘米；枝条红褐色，四棱柱形，密被茸毛和糙伏毛。叶对生，纸质，长椭圆形或披针形，长 4.5~6 厘米，宽 0.9~1.7 厘米，叶两面俱密被毛，全缘，3~5 出分脉。总状花序顶生，花冠紫蓝色，倒卵形；雄蕊 10 枚，白色，5 长 5 短，花药内折，线状圆柱形；子房密被茸毛，花柱弯曲。蒴果球形，密被毛。

花色艳丽，花多且密，多种植于路边、草地、林缘，丛植或片植观赏。

巴西野牡丹的植株

叶子花

Bougainvillea spectabilis Willd.

花期

1
2
3
4
5
6
7
8
9
10
11
12

叶子花

别名：三角梅、宝巾、簕杜鹃

科属：紫茉莉科叶子花属

类型：灌木

生态环境及分布：

原产于巴西，广泛栽培于热带及亚热带地区。中国南方常种植于庭院、公园或者路边作花篱。

花色：紫色、洋红色、白色

果实形态：瘦果圆柱形

叶子花的花

叶子花的植株

藤状灌木，有时攀缘。茎粗壮，枝下垂，无毛或疏生毛；刺叶腋生，长5~15毫米。叶片纸质，卵形或卵状披针形，顶端急尖或渐尖，基部圆形或宽楔形，腹面无毛，背面被柔毛。花顶生于枝端的3个苞片内，花梗于苞片中脉贴生，每个苞片上生一朵花；苞片叶状，有紫色、白色或洋红色，长圆或椭圆形，纸质；花被管淡绿色，疏生柔毛，有棱，顶端5裂；雄蕊6~8枚。瘦果圆柱形或棍棒状，具5棱；种皮薄，胚弯，子叶席卷，围绕胚乳。

叶子花的花其实很细小，白色，三朵聚生于三片红苞中，外围的红苞片大而美丽，很容易被误认为是花瓣，因其形状似叶，故称其为“叶子花”，其形态像张艺谋电影情节中的先抑后扬的风格；它利用苞片的艳丽色彩，吸引昆虫前来帮它完成授粉，这也算是植物的智慧之一。

锦绣杜鹃

Rhododendron × pulchrum Sweet

花期

1
2
3
4
5
6
7
8
9
10
11
12

锦绣杜鹃

别名：毛鹃

科属：杜鹃花科杜鹃花属

类型：灌木

生态环境及分布：

分布中国于福建、广东、广西、四川、云南；常作园林栽培。

果期：9月~10月

花色：紫红色

果实形态：蒴果卵形

常绿或半常绿灌木，高达3米，分枝稀疏，幼枝密生淡棕色扁平伏毛，叶纸质，二型，椭圆形至椭圆状披针形或矩圆状倒披针形，顶端急尖，有凸尖头，基部楔形，初有散生黄色疏伏毛，以后上面近无毛，端尖钝，基楔形，缘有睫毛，叶柄有毛，叶表、背均有毛而以中脉为多。花2~3朵与新梢发自顶芽，花冠玫瑰红至亮红色，上瓣有浓红色斑，轮状，雄蕊5枚。蒴果卵形。

锦绣杜鹃花开花时万紫千红，观赏性很高，常种植于岩石旁、池畔、草坪边缘，或盆栽摆放于宾馆和公共场所。

锦绣杜鹃的花

醉蝶花

Tarenaya hassleriana (Chodat) Iltis

花期

1
2
3
4
5
6
7
8
9
10
11
12

醉蝶花

别名：紫龙须、蜘蛛花

科属：白花菜科醉蝶花属

类型：草本

生态环境及分布：

原产于热带美洲，全球热带至温带栽培以供观赏。

果期：夏末秋初

花色：紫红色

果实形态：蒴果圆柱形

醉蝶花的果实

醉蝶花

一年生强壮草本植物，植株高 1~1.5 米。全株被黏质腺毛，有特殊臭味，有托叶刺，刺长达 4 毫米，尖利，外弯。小叶草质，椭圆状披针形或倒披针形，两面被毛，侧脉 10~15 对；叶柄长 2~8 厘米，常有淡黄色皮刺。总状花序，花瓣粉红色，少见白色，在芽中时覆瓦状排列，无毛，瓣片倒卵伏匙形，长 10~15 毫米，宽 4~6 毫米，顶端圆形，基部渐狭；雄蕊 6 枚，花丝长 3.5~4 厘米，花药线形。蒴果圆柱形，长 5.5~6.5 厘米；种子直径约 2 毫米，表面近平滑或有小疣状突起，不具假种皮。

株型轻盈飘逸，花盛开时像蝴蝶飞舞，具有很强的观赏性，常用于布置花坛、花境，或作盆栽观赏。

长春花

Catharanthus roseus (L.) G.Don

花期

1
2
3
4
5
6
7
8
9
10
11
12

长春花

别名：雁来红、日日草、四时春

科属：夹竹桃科长春花属

类型：草本或灌木

生态环境及分布：

原产于非洲；中国西南、中南、华南及华东等省区都有栽培。

果期：全年

花色：紫红色

果实形态：蓇葖果双生直立

直立多年生草本或半灌木，高达60厘米，有水液，全株无毛。叶对生，膜质，倒卵状矩圆形，长3~4厘米，宽1.5~2.5厘米，顶端圆形。聚伞花序顶生或腋生，有花2~3朵；花冠红色，高脚碟状，花冠裂片5枚，向左覆盖；雄蕊5枚着生于花冠筒中部之上。蓇葖果2个，直立；种子无种毛，具颗粒状小瘤凸起。

栽培变种有：白长春花【*Catharanthus roseus* (L.) G.Don cv. Albus】；黄长春花【*Catharanthus roseus* (L.) G. Don cv. Flavus】。

此外，长春花全株有毒，它的根、叶含有大量吲哚生物碱，会抑制人体白细胞，为了避免家庭成员或宠物误食或接触汁液，不建议家庭种植。

长春花的植株

苏丹凤仙花

Impatiens walleriana Hook. f.

花期

1
2
3
4
5
6
7
8
9
10
11
12

苏丹凤仙花

别名：洋凤仙、非洲凤仙

科属：凤仙花科凤仙花属

类型：草本

生态环境及分布：

原产于非洲，中国有引种栽培，作花坛、花境观赏植物或家庭阳台盆栽。

果期：全年

花色：深红、粉红色、紫红色、白色

果实形态：蒴果纺锤形

多年生肉质草本，植株高30~70厘米。茎直立，光滑，节间膨大，多分枝，在株顶呈平面开展。叶有长柄，叶片宽椭圆形或卵形至长圆状椭圆形，长4~12厘米，宽2.5~5.5厘米，顶端尖或渐尖，有时突尖，基部楔形，边缘钝锯齿状， 侧脉5~8对，两面无毛。花腋生，1~3朵，花梗细，长15~30毫米，基部具苞片；花形扁平，花色多样，有深红、粉红色、紫红色、白色等；旗瓣宽倒心形或倒卵形，翼瓣无柄，唇瓣浅舟状，长8~15毫米，基部急收缩成长24~40毫米线状内弯的细距。蒴果纺锤形，长15~20毫米，无毛。

原产于非洲，世界各地广泛引种栽培。花繁密、花期长，适合于布置花坛、花境、路边绿化等；也可以盆栽在家庭阳台作美化装饰植物。

苏丹凤仙花

四季海棠

Begonia cucullata Willd.

花期

1
2
3
4
5
6
7
8
9
10
11
12

四季海棠的花

别名：四季秋海棠、玻璃海棠

科属：秋海棠科秋海棠属

类型：草本

生态环境及分布：

原产于巴西；中国各地栽培，作花坛、花境观赏植物。

花色：白色、粉红色

果实形态：蒴果具3翅

多年生肉质草本，高15~30厘米；根纤维状；茎直立，肉质，无毛，基部多分枝，多叶。叶互生，卵形或宽卵形，长5~8厘米，宽3.5~7厘米，基部略偏斜，边缘有锯齿和睫毛，两面光亮，绿色，但主脉通常微红，无毛。花淡红或带白色，数朵聚生于腋生的总花梗上，雄花较大，有花被片4枚；雌花稍小，有花被片5枚，子房3室。蒴果绿色，长1~1.5厘米，略具不等大的红色的3翅。

花繁密、花期长，常被种植于公园绿地布置花坛、花境等；也可以盆栽在家庭阳台作美化装饰植物。

四季海棠

蓝猪耳

Torenia fournieri Linden ex E.Fourn.

花期

1
2
3
4
5
6
7
8
9
10
11
12

蓝猪耳

别名：夏堇、花公草

科属：母草科蝴蝶草属

类型：草本

生态环境及分布：

原产于越南，中国有引种栽培，作花坛、花境观赏植物。

果期：6月~12月

花色：白色、紫红色、紫蓝色

果实形态：蒴果长椭圆形

直立草本，高15~50厘米。茎几无毛，具4窄棱，节间通常长6~9厘米。叶柄长1~2厘米，叶片长卵形或卵形，长3~5厘米，宽1.5~2.5厘米，几无毛，先端略尖或短渐尖，基部楔形，边缘具带短尖的粗锯齿。花具长1~2厘米之梗，通常在枝的顶端排列成总状花序；苞片条形，长2~5毫米；萼椭圆形，绿色或顶部与边缘略带紫红色，具有5枚宽约2毫米、基部下延的翅，果实成熟时，翅宽可达3毫米；萼齿2个，有时齿端又稍开裂；花冠长2.5~4厘米，花冠筒淡青紫色，背黄色；上唇直立，浅蓝色，宽倒卵形，长1~1.2厘米，宽1.2~1.5厘米，顶端微凹；下唇裂片矩圆形或近圆形，紫蓝色，中裂片的中下部有一黄色斑块。蒴果长椭圆形，种子小，黄色，圆球形或扁圆球形，表面有细小的凹窝。

花色多样，花姿优美，适合布置花坛、花境作观赏植物；也可以在家庭阳台盆栽作美化装饰植物。

蓝猪耳

千屈菜

Lythrum salicaria L.

花期

1
2
3
4
5
6
7
8
9
10
11
12

千屈菜

别名：水柳、对叶莲

科属：千屈菜科千屈菜属

类型：草本或灌木

生态环境及分布：分布于河北、山西、陕西、河南和四川。生于水旁湿地。各地常有栽培。

果期：8月～10月

花色：紫红色

果实形态：蒴果扁圆形

多年生草本或半灌木，高达1米左右。茎直立，多分枝，四棱形或六棱形，被白色柔毛或变无毛。叶对生或3枚轮生，狭披针形，长3.5~6.5厘米，宽1~1.5厘米，无柄，有时基部略抱茎。总状花序顶生；花两性，数朵簇生于叶状苞片腋内，具短梗；花萼筒状，长4~6毫米；花瓣6枚，紫色，生于萼筒上部，长6~8毫米；雄蕊12枚。蒴果包截于萼内，扁圆形，2裂。

千屈菜是少数具有三型花柱的植物：（1）长花柱型：柱头下方有2组花药；（2）中等花柱型：柱头的上、下方各有1组花药；（3）短花柱型：两组花药都在柱头上方。这种雄蕊和雌蕊在垂直高度上发生交互变化，交错对应的关系，更有利于相互授粉的互补性。

千屈菜

莲

Nelumbo nucifera Gaertn.

花期

1
2
3
4
5
6
7
8
9
10
11
12

莲蓬

别名：荷花、芙蕖

科属：莲科莲属

类型：草本

生态环境及分布：

原产于中国，东南亚和大洋洲均有分布。

果期：9月~10月

花色：红色、粉红色、白色

果实形态：坚果椭圆形

莲藕

莲

多年生水生草本；根状茎横生，长而肥厚，有长节。叶圆形，高出水面，直径 25~90 厘米；叶柄常有刺。花单生在花梗顶端，直径 10~20 厘米；萼片 4~5 枚，早落；花瓣多数，红色、粉红色或白色，有时逐渐变成雄蕊；雄蕊多数，药隔先端伸出成一棒状附属物；心皮多数，离生，嵌生于花托穴内；花托于果期膨大，海绵质。坚果椭圆形或卵形，长 1.5~2.5 厘米；种子卵形或椭圆形，长 1.2~1.7 厘米。

莲是中国最常见的园林水生植物之一，观赏性高。莲在中国不仅仅是一种植物，更上升为某种精神特征和文化象征。北宋学者周敦颐作《爱莲说》，盛赞莲“出淤泥而不染，濯清涟而不妖……”，后人都以莲作为高洁的象征；同时，莲也跟佛教有密切关系，如菩萨佛像下面的莲座、案上供养的莲花等。

再力花

Thalia dealbata Fraser ex Roscoe

花期

1
2
3
4
5
6
7
8
9
10
11
12

再力花

别名：水竹芋

科属：竹芋科再力花属

类型：草本

生态环境及分布：

原产于美国南部和墨西哥，中国华南一些城市有栽培作观赏挺水花卉。

花色：紫红色

果实形态：蒴果球形

再力花的花

再力花的叶

多年生挺水草本，植株高 1~2 米。叶基生，4~6 片；叶柄较长，下部鞘状，基部略膨大；叶片卵状披针形，浅灰蓝色，边缘紫色，长 50 厘米，宽 25 厘米，叶背表面被白粉。穗状圆锥花序，花小，2~3 朵，紫红色。全株附有白粉。蒴果近圆球形或倒卵状球形。

再力花的叶片硕大，形似芭蕉叶，叶色翠绿可爱，花序高出叶面，亭亭玉立。紫红色的花朵素雅别致，一串串倒映在水中，妖娆多姿。人站立水边，欣赏一片繁茂的再力花，恍如进入江南水乡。

其种名 *Thalia* 是为了纪念 16 世纪的德国博物学家约翰尼·赛尔（Johann.Thal）而取的。

红花文殊兰

Crinum × amabile Donn ex Ker Gawl.

花期

1
2
3
4
5
6
7
8
9
10
11
12

红花文殊兰的花

别名：红花文珠兰

科属：石蒜科文殊兰属

类型：草本

生态环境及分布：

原产于印度尼西亚，中国华南一些城市有栽培。

花色：紫红色

果实形态：蒴果球形

多年生常绿草本植物。植株高 60~100 厘米，叶片为大型宽带形，全缘，叶色翠绿。花茎自鳞茎中抽出，顶生伞形花序，每花序有小花 20 余朵；花被筒暗紫色，花瓣5枚，长条形，红色，边缘为白色或浅粉色的宽条纹，具芳香。蒴果球形。

华南地区常作为园林观赏植物栽培于公园、植物园及绿化地。深圳栽培的大多为白色的文殊兰，红花文殊兰相对较少。

红花文殊兰的植株

鸡冠花

Celosia cristata L.

花期

1
2
3
4
5
6
7
8
9
10
11
12

鸡冠花

别名：鸡髻花、老来红、芦花鸡冠

科属：苋科青葙属

类型：草本

生态环境及分布：

原产于亚洲、美洲、非洲等热带地区及亚热带地区。中国南北各地区皆有栽培。

果期：6月~10月

花色：紫红色、黄色

果实形态：胞果卵形

一年生草本，高60~90厘米，全株无毛；茎直立，粗壮。叶卵形、卵状披针形或披针形，长5~13厘米，宽2~6厘米，顶端渐尖，基部渐狭，全缘。花序顶生，扁平鸡冠状，中部以下多花；苞片、小苞片和花被片紫色、黄色或淡红色，干膜质，宿存；雄蕊花丝下部合生成杯状。胞果卵形，长3毫米，盖裂，包裹在宿存花被内。

鸡冠花对二氧化硫、氯化氢等有良好的抗性，具有绿化、美化和净化环境等多重作用，多种植于庭院、公园、绿化地的花坛或花境作观赏。

鸡冠花的植株

蒜香藤

Mansoa alliacea (Lam.) A.H.Gentry

花期

1
2
3
4
5
6
7
8
9
10
11
12

蒜香藤的花

别名：张氏紫葳、紫铃藤

科属：紫葳科蒜香藤属

类型：藤本

生态环境及分布：

原产于南美洲巴西、哥伦比亚、阿根廷等地，中国分布在华南地区，深圳大量栽培。

果期：9月～次年1月

花色：紫红色

果实形态：蒴果长线形

蒜香藤

蒜香藤的植株

常绿攀缘藤本，全株无毛。三出复叶对生，小叶片革质，长圆形或椭圆形，长6~11厘米，宽2~5厘米，侧脉每边5~6条，全缘，基部楔形，先端渐尖。聚伞圆锥花序腋生或顶生，有花8~10朵，花萼杯状；花冠筒白色，檐部紫红色，裂片5枚，近圆形；雄蕊和花柱都不伸出花冠筒外；子房圆柱形。蒴果条形，扁平，长18~20厘米；种子近圆形，扁平，两端具膜质翅。

蒜香藤花色艳丽，生性强健，病虫害少，一般作为篱笆、围墙美化或凉亭、棚架装饰之用。叶揉搓后有蒜香味，故名“蒜香藤”。

假连翘

Duranta erecta L.

紫蓝

蓝花楹

Jacaranda mimosifolia D. Don

花期

1
2
3
4
5
6
7
8
9
10
11
12

蓝花楹的花

别名：蓝雾树、巴西紫葳、紫云木

科属：紫葳科蓝花楹属

类型：乔木

生态环境及分布：

原产于南美洲巴西、玻利维亚、阿根廷；中国华南地区一些省区如广东、福建、海南等有栽培。

果期：11月

花色：蓝紫色

果实形态：蒴果扁球形

蓝花楹的树干

蓝花楹的植株

落叶乔木，高达 15 米。叶对生，为 2 回羽状复叶，羽片通常在 16 对以上，每 1 羽片有小叶 16~24 对；小叶椭圆状披针形至椭圆状菱形，长 6~12 毫米，宽 2~7 毫米，顶端急尖，基部楔形，全缘。花蓝色，花序长达 30 厘米，直径约 18 厘米。花萼筒状，长宽约 5 毫米，萼齿 5 个。花冠筒细长，蓝色，下部微弯，上部膨大，长约 18 厘米，花冠裂片圆形。雄蕊 4 枚，花丝着生于花冠筒中部。蒴果木质，扁卵圆形，长宽均约 5 厘米，中部较厚，四周逐渐变薄，不平展。

蓝花楹的蓝色花朵，浪漫美丽，深受人们喜爱，多种植于公园、绿地或作行道树。深圳市滨海大道及彩田路等有栽种作行道树，莲花山公园及人民公园也有。

大花鸳鸯茉莉

Brunfelsia pauciflora (Cham. et Schltdl.) Benth.

花期

1
2
3
4
5
6
7
8
9
10
11
12

大花鸳鸯茉莉的花

别名：番茉莉、二色茉莉

科属：茄科番茉莉属

类型：灌木

生态环境及分布：

原产于巴西及西印度群岛，现世界各地普遍栽培观赏。中国广州、深圳、香港等城市常见栽培。

果期：秋季

花色：紫蓝色

果实形态：浆果卵球形

灌木，高达1.2~2.5米；多分枝，无毛。叶卵形、椭圆形至椭圆状披针形，长7~15厘米，先端尖或钝，革质，具短柄。花萼光滑无毛，长达3厘米，花冠漏斗形，筒部细，长约3.8厘米，檐部5裂，径3~7.5厘米，边缘稍波状；花初开时蓝紫色，后渐变淡至白色；1~10朵成顶生聚伞花序；春天和秋天开花，夜间芳香。浆果卵球形。

鸳鸯茉莉繁花满树，花大芬芳，常栽种于园林、绿化带或公园里。

鸳鸯茉莉中的“鸳鸯”两字是指同一植株上有两种颜色并存，其实是花朵开花过程中随时间而变化的颜色，初开时蓝紫色，后渐渐变成白色。

大花鸳鸯茉莉的植株

假连翘

Duranta erecta L.

花期

1
2
3
4
5
6
7
8
9
10
11
12

假连翘的花

别名：番仔刺、篱笆树

科属：马鞭草科假连翘属

类型：灌木

生态环境及分布：

原产于中南美洲热带，中国华南城市庭园有栽培。喜光，耐半阴，耐修剪，生长快，多作为绿篱材料。

果期：全年

花色：蓝紫色

果实形态：核果球形

假连翘的果实

假连翘的植株

常绿攀缘灌木，高 1.5~3 米；枝细长，拱形下垂，有时具刺。单叶对生，片叶纸质，倒卵形，长 3~6 厘米，宽 1.5~3 厘米，基部楔形，中上部有疏齿，或近全缘，先端急尖，表面有光泽，侧脉每边 3~5 条。总状花序生于枝端或叶腋；花冠蓝色或淡紫色，高脚碟状，花筒稍弯曲，端 5 裂；雄蕊 4 枚；子房无毛。核果球形，橙黄色，有光泽，包藏于扩大的花萼内，经冬不落。

深圳常见的还有 4 个栽培品种：

1. 白花假连翘 （*Duranta erecta* ‘Alba’） 花冠白色
2. 金叶假连翘 （*Duranta erecta* ‘Dwarf Yellow’） 嫩叶金黄色，花冠淡紫色
3. 花叶假连翘 （*Duranta erecta* ‘Variegata’） 叶片有黄色或白色斑纹，花冠淡紫色
4. 矮生假连翘 （*Duranta erecta* ‘Dwarftype’） 植株矮，高 0.5~1.5 米，枝叶及花均甚密生，花冠深紫色

蓝花草

Ruellia brittoniana Leonard

花期

1
2
3
4
5
6
7
8
9
10
11
12

蓝花草的花

别名：人字草、芦莉草、翠芦莉

科属：爵床科蓝花草属

类型：灌木

生态环境及分布：

原产于美洲墨西哥，中国华南一些城市有引进栽培。

果期：7月～次年2月

花色：紫色

果实形态：蒴果长圆形

蓝花草的果实

蓝花草

常绿小灌木，植株高 30~100 厘米。茎方形，具沟槽。单叶互生，线状披针形，长 18~15 厘米，宽 0.5~1 厘米，全缘或具疏锯齿，先端长渐尖，两面无毛，侧脉每边 6~8 条。二歧聚伞花序，腋生，花冠漏斗状，紫蓝色，5 裂；雄蕊 4 枚。蒴果长圆形，成熟时褐色；种子 10~20 颗，卵圆形。

蓝花草花色艳丽，抗逆性强，适应性广，对环境要求不高，被广泛应用于花境、自然式庭园造景、盆栽、地被或花坛镶边观赏。

山牵牛

Thunbergia grandiflora Roxb.

花期

1 2 3 4 5 6 7 8 9 10 11 12

山牵牛

别名：大花老鸦嘴、大花邓伯花

科属：爵床科山牵牛属

类型：藤本

生态环境及分布：

原产于孟加拉、泰国、印度、中国，广植于热带和亚热带地区。生疏林下或栽培作园林观赏植物。

果期：8月~11月

花色：蓝色

果实形态：蒴果球形

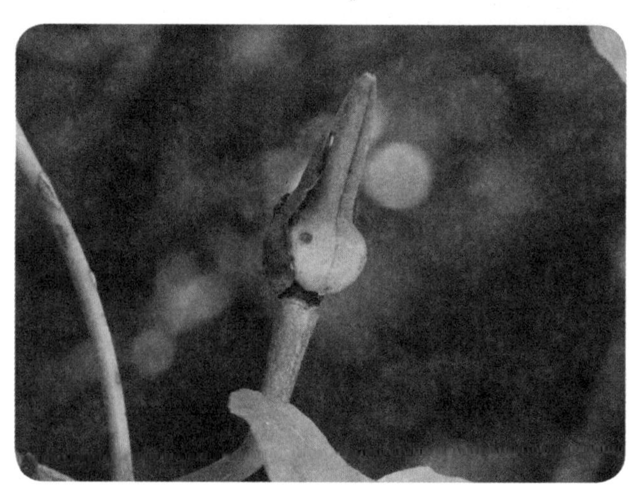

山牵牛的果实

山牵牛

常绿大藤本。叶宽卵形，顶端尖至渐尖，基部心形，长 4~10 厘米，边浅波状至有浅裂片，具 3~5 条掌状脉。花 1~2 朵生叶腋或成下垂总状花序；小苞片 2 枚，初合生，后一侧开裂似成佛焰苞状，长 2.5~3 厘米，有微毛；花萼退化仅存一边圈；花冠蓝色、淡黄色或外面近白色，长 5~8 厘米，裂片扩展直径达 7 厘米。

山牵牛的蒴果长约 3 厘米，下部近球形，上部具长喙，开裂时似乌鸦嘴，所以，别名也叫作“大花老鸦嘴”。花期长，适合公园、小区、植物园等大型棚架上的攀缘观赏植物材料。

蝶豆

Clitoria ternatea L.

花期

1
2
3
4
5
6
7
8
9
10
11
12

蝶豆的花

别名：蓝蝴蝶

科属：豆科蝶豆属

类型：藤本

生态环境及分布：

原产于印度，分布于中国广东、海南、广西、云南、浙江、福建等省区，常见作园林观赏植物栽培。

果期：7月~11月

花色：蓝紫色

果实形态：线形长圆形

蝶豆的果荚

蝶豆

攀缘状草质藤本。茎细弱，被脱落性贴伏短柔毛。小叶 5~7，薄纸质或近膜质，宽椭圆形或有时近卵形，长 2.5~5 厘米，宽 1.5~3.5 厘米，先端钝，微凹，常具细微的小凸尖，基部钝，两面疏被贴伏的短柔毛或有时无毛。花大，单朵腋生；苞片 2 枚，披针形；小苞片大，膜质，近圆形，绿色，直径 5~8 毫米，有明显的网脉；花萼膜质，长 1.5~2 厘米，有纵脉，5 裂，裂片披针形；先端具凸尖；花冠蓝色、粉红色或白色，旗瓣宽倒卵形，直径约 3 厘米，中央有一白色或橙黄色浅晕，基部渐狭，具短瓣柄，翼瓣与龙骨瓣远较旗瓣为小，均具柄，翼瓣倒卵状长圆形，龙骨瓣椭圆形；雄蕊二体。荚果长 5~11 厘米，宽约 1 厘米，扁平，具长喙，有种子 6~10 颗；种子长圆形，黑色，具明显种阜。

蝶豆的花大呈蓝色，酷似蝴蝶，又名“蓝蝴蝶”。在东南亚，此花常用来给食物着色或直接做成食物。

全株可作绿肥。根、种子有毒。

紫藤

Wisteria sinensis (Sims) Sweet

花期

1
2
3
4
5
6
7
8
9
10
11
12

紫藤的花

别名：紫藤萝

科属：豆科紫藤属

类型：藤本

生态环境及分布：

中国南北各地均有分布，并广为栽培。花色美丽，繁密，适合大型棚架廊架作棚荫材料。

果期：5月~8月

花色：紫色

果实形态：荚果倒披针形

紫藤的植株

落叶缠绕大藤本，茎左旋性，长可达 18~30 米。奇数羽状复叶互生，小叶 7~13 片，卵状长椭圆形，长 4.5~8 厘米，宽 2~4 厘米，先端渐尖，基部楔形。成熟叶无毛或近无毛。花蝶形，紫色，芳香；成下垂总状花序，长 15~30 厘米；4~5 月叶前或与叶同时开放。荚果倒披针形，长 10~15 厘米，宽 1.5~2 厘米，密生黄色绒毛，悬垂枝上不脱落。有种子 1~3 颗；种子褐色，具光泽，圆形，宽 1.5 厘米，扁平。

喜光，对气候及土壤的适应性强。紫藤繁花浓荫，十分美丽，荚果悬垂，为良好的棚荫材料。

豆荚、种子和茎皮有毒。

斑叶鹅掌藤

Schefflera arboricola 'Variegata'

观叶观果

波罗蜜

Artocarpus heterophyllus Lam.

花期

1 2 3 4 5 6 7 8 9 10 11 12

波罗蜜的果实

别名：树波罗

科属：桑科波罗蜜属

类型：乔木

生态环境及分布：

广植于热带地区；在中国广东、福建、广西和云南等省区有栽培，作园林观赏植物，在公园、庭园、行道种植。

果期：夏、秋季

果实形态：聚花果球形

波罗蜜的枝叶

波罗蜜的植株

常绿乔木，高 8~15 米，有乳汁。叶厚革质，椭圆形或倒卵形，长 7~15 厘米，全缘，不裂或生于幼枝上的 3 裂，两面无毛，上面有光泽，下面略粗糙；叶柄长 1~2.5 厘米。花极多数，单性，雌雄同株；雄花序顶生或腋生，圆柱形，长 5~8 厘米，直径 2.5 厘米，花被片 2 枚，雄蕊 1 枚；雌花序矩圆形，生树干或主枝上，花被管状。聚花果成熟时长 25~60 厘米，重可达 20 公斤，外皮有六角形的瘤状凸起。

波罗蜜属的属名 *Artocarpus* 来源于希腊文 artos（面包）和 karpos（果实），合起来就是“面包果”；另外还有一种说法是指种子磨粉可以烘烤面包。隋唐时从印度传入中国，称为“频那挲”（梵文 Panasa ），宋代改称 “波罗蜜”。

波罗蜜是一种热带果树。种子富含淀粉，可炒熟食用。

面包树

Artocarpus communis J. R. Forster et G. Forster

花期

1
2
3
4
5
6
7
8
9
10
11
12

面包树的果实

别名：面包果树

科属：桑科波罗蜜属

类型：乔木

生态环境及分布：

原产于南太平洋一些岛屿国家和非洲热带地区；中国的广东和台湾等地均有种植，作为行道树、庭园树木栽植。

果期：夏、秋季

果实形态：聚花果球形

面包树的树干

面包树的植株

常绿乔木，一般高 10~15 米。树干粗壮，树皮灰褐色。叶互生，厚革质，卵形至卵状椭圆形，长 10~50 厘米，成熟之叶羽状分裂，两侧多为 3~8 羽状深裂，裂片披针形，先端渐尖，两面无毛，表面深绿色，有光泽，背面浅绿色，全缘，侧脉约 10 对；叶柄长 8~12 厘米。花序单生叶腋，雄花序长圆筒形至长椭圆形或棒状，黄色，雄蕊 1 枚，花药椭圆形；雌花花被管状。聚花果倒卵圆形或近球形，表面具圆形瘤状凸起，成熟褐色至黑色，柔软，内面由乳白色肉质花被组成。

将未熟果放在火上烘烤至黄色，吃起来松软可口，淡淡的酸甜滋味流连于唇齿间，风味类似面包，令人回味无穷。成熟果实香甜柔软，可用于制作面包、蛋糕和饼干等。面包树分布在中南半岛、印度、巴西、墨西哥及太平洋的一些群岛上，是当地居民不可缺少的粮食。

榕树

Ficus microcarpa L. f.

花期

1
2
3
4
5
6
7
8
9
10
11
12

榕树的树叶

别名：小叶榕、细叶榕

科属：桑科榕属

类型：乔木

生态环境及分布：

分布于中国云南、贵州、广西、广东、台湾、福建、浙江；印度及东南亚各国及澳大利亚都有分布。主要生于低海拔山林或村边，现人工栽培作园林绿化植物。

果实形态：瘦果卵形

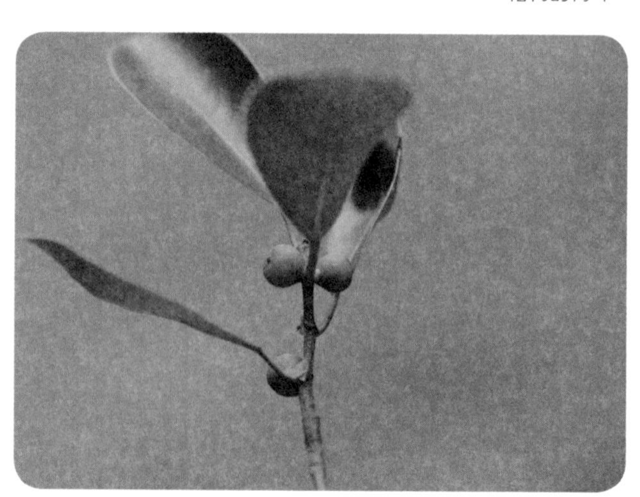

榕树的花序托

榕树的植株

常绿大乔木，生气根。叶互生，革质，倒卵形或卵状椭圆形，长 4~8 厘米，宽 2~4 厘米，顶端钝或急尖，全缘，基出脉 3 条，侧脉 5~7 对，稍平行，沿叶缘整齐网结，网脉背面明显；叶柄长 7~15 毫米；托叶披针形。花序托无梗，单生或成对生于叶腋或生于已落叶的小枝上，球形或扁球形，直径 5~10 毫米，成熟时黄色或淡红色；基生苞片 3 枚，宽卵形，宿存；雄花、瘿花、雌花生于同一花序托内；雄花萼片 3 枚，雄蕊 1 枚，散生；瘿花萼片 3 枚，宽匙形，花柱短，侧生；雌花较小，花柱细长，侧生。瘦果卵形。

榕树在中国南方地区广泛种植，植株可高达 25 米；树冠广展，老树常具锈褐色气根，随风飘拂，像老人胡须。一些农村地方，常在村口栽种榕树，闲暇之余，村民聚集树下聊天、乘凉，已经成为生活中的习惯。榕树也常被写进一些文学作品里，寓意着见证岁月沧桑和生命力顽强。

高山榕

Ficus altissima Blume

花期

1
2
3
4
5
6
7
8
9
10
11
12

别名：大叶榕、高榕

科属：桑科榕属

类型：乔木

生态环境及分布：

分布在中国广东、广西、云南、四川。生山地林中。现人工栽培作庭园绿化树。

果期：5月~7月

果实形态：榕果卵圆形

高山榕的树干

高山榕的根

高山榕的花序托

高山榕的植株

大乔木，高 5~30 米，胸径达 1.8 米。叶革质，无毛，宽椭圆形或卵状椭圆形，长 8~21 厘米，宽 4~12 厘米，先端钝，基部圆形或近心形，三出脉，侧脉 4~5 对，在近叶缘处网结；叶柄长 2.8~5.5 厘米；托叶厚革质，披针形，长 2.5~4.5 厘米，外被灰色短柔毛，内面无毛，脱落。花序托幼时被外生灰色柔毛的帽状苞片所包围（苞片脱落后在基部留一短杯状体），无梗，成对腋生，近圆球形，直径 1~1.6 厘米，无毛；雄花、瘿花和雌花同生于一花序托中。榕果卵圆形。

1992 年 1 月 22 日，邓小平同志视察深圳，到仙湖植物园参观时亲手在仙湖湖畔种植了一棵高山榕。如今，过去了 20 多年，这棵高山榕已经长成了郁郁葱葱的大树，象征着深圳经济特区的改革开放事业像高山榕一样蓬勃发展。深圳市民常去参观。

垂叶榕

Ficus benjamina L.

花期

1 2 3 4 5 6 7 **8** **9** **10** **11** 12

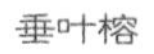

垂叶榕

垂叶榕的树干

别名：小叶垂榕、斑叶垂榕、雷州榕

科属：桑科榕属

类型：乔木

生态环境及分布：

分布在中国广东、海南、云南、贵州。生于土壤较湿润的杂木林中，现有人工栽培做园林绿化树。

果实形态：瘦果肾形

垂叶榕上的榕母管蓟马

垂叶榕的植株

大乔木，高 7~30 米；枝条下垂。叶互生，薄革质，有光泽，椭圆形或卵状椭圆形，长 5~10 厘米，宽 2~6 厘米，先端渐尖，基部圆形或宽楔形，全缘；侧脉多数，并行，网脉显明，在近叶缘处网结；叶柄长 1~2.5 厘米。花序托无梗，单生或成对腋生，球形或卵球形，径 5~18 毫米；雄花、瘿花和雌花生于同一花序托内；雄花无梗或有短梗，花被片 3~4 枚，矩圆形，雄蕊 1 枚；瘿花和雌花有梗或无梗。瘦果卵状肾形。

在深圳的“锦绣中华”景区内的世界名人植树园内，有一株由来访的多米尼加共和国总统科劳伦斯·塞缪雷特种植的垂叶榕。

垂叶榕的叶子常常遭到害虫榕母管蓟马的危害而发生病变。

印度榕

Ficus elastica Roxb.

花期

1 2 3 4 5 6 7 8 9 10 11 12

印度榕的叶

别名：印度橡胶树、橡胶榕

科属：桑科榕属

类型：乔木

生态环境及分布：

原产于不丹、锡金、尼泊尔、印度、印度尼西亚。中国云南在海拔 800~1500 米处有野生，各大城市有栽培。

果实形态：瘦果卵圆形

印度榕的支柱根

印度榕

大乔木，高 20~30 米；树冠开展；树皮平滑；有乳汁。叶厚革质，有光泽，长椭圆形或矩圆形，长 5~30 厘米，宽 7~9 厘米，先端短渐尖，基部钝圆形，全缘；侧脉多而细，并行；叶柄长 2.5~6 厘米；托叶单生，披针形，长约 15 厘米，淡红色。花序托无梗，成对着生于叶腋，矩圆形，成熟时黄色，长约 1.2 厘米，初被帽状苞包围，苞在上部脱落后基部留一截平的杯状体；雄花、瘿花和雌花生于同一花序托中；雄花花被片 4 枚，卵形，雄蕊 1 枚，几无花丝；瘿花花被片 4 枚，花柱近顶生；雌花似瘿花，但花柱侧生。瘦果卵圆形，表面有小瘤体，花柱长，宿存，柱头膨大，近头状。

世界各地（包括中国北方）常栽于温室或在室内盆栽作观赏，并有金边叶栽培变种（*Ficus elastic* cv. aureo-marginata Hort.）。

乳汁为橡胶原料。

菩提树

Ficus religiosa L.

花期

1
2
3
4
5
6
7
8
9
10
11
12

菩提树的叶

别名：印度菩提树、觉树

科属：桑科榕属

类型：乔木

生态环境及分布：

原产于印度；中国云南、广东、广西有栽培。人工栽培作庭园绿化树。

果期：5月~6月

果实形态：瘦果卵圆形

菩提树的树干

菩提树的植株

大乔木，高 10~20 米，植物体无毛。叶近革质，三角状卵形，长 9~17 厘米，宽 6.5~13 厘米，先端骤尖，延长成披针状条形之尾，尾约占叶片长的 1/4~1/3，全缘；叶柄长 7~12 厘米。花序托扁球形，无梗，成对腋生，直径约 10 毫米；基生苞片 3~4 枚，圆卵形；雄花、瘿花和雌花同生于一花序托中；雄花花被片 3 枚，雄蕊 1 枚；雌花花被片 5 枚，披针形。瘦果卵圆形。

叶含单宁；树脂可制硬性树胶；树皮之汁及花供药用。树叶浸洗去叶肉，网脉如纱，可做菩提纱书签。

“菩提”一词，原为古印度（梵语）Bodhi 的音译，意为觉悟、智慧，引申为豁然开朗。菩提树与佛教渊源颇深，传说 250 多年前，佛祖释迦牟尼原是古印度北部的迦毗罗卫王国的王子乔答摩·悉达多，在菩提树下顿悟得道，就地成佛。常作为佛教圣树种植于寺院庭前，东南亚佛教国家信徒常焚香散花，绕树礼拜，沿袭成俗。

水翁蒲桃

Syzygium nervosum A.Cunn.ex DC.

花期

1
2
3
4
5
6
7
8
9
10
11
12

水翁蒲桃的花

别名：水榕

科属：桃金娘科蒲桃属

类型：乔木

生态环境及分布：

原产于中国广东、广西及云南等省区，分布于中南半岛、印度、马来西亚、印度尼西亚及大洋洲等地。

果期：7月~8月

花色：白色

果实形态：浆果阔卵圆形

水翁蒲桃的果实

水翁蒲桃的植株

乔木，高 10~15 米；树皮灰褐色，颇厚，树干多分枝；嫩枝压扁，有沟。叶片薄革质，长圆形至椭圆形，长 11~17 厘米，宽 4.5~7 厘米，先端急尖或渐尖，基部阔楔形或略圆，两面多透明腺点，侧脉 9~13 对，脉间相隔 8~9 毫米，以 45 度 ~65 度开角斜向上，网脉明显，边脉离边缘 2 毫米；叶柄长 1~2 厘米。圆锥花序生于无叶的老枝上，长 6~12 厘米；花无梗，2~3 朵簇生；花蕾卵形，长 5 毫米，宽 3.5 毫米；萼管半球形，长 3 毫米，帽状体长 2~3 毫米，先端有短喙；雄蕊长 5~8 毫米。浆果阔卵圆形，成熟时紫黑色。

现有人工栽培作绿化树。喜生水边。浆果成熟时紫黑色，可以食用，味甜。

蒲桃

Syzygium jambos (L.) Alston

花期

1
2
3
4
5
6
7
8
9
10
11
12

蒲桃的花

别名：广东葡桃、水葡桃

科属：桃金娘科蒲桃属

类型：乔木

生态环境及分布：

分布于中国台湾、福建、广东、广西、云南。栽培，也有野生，生于山溪旁。

果期：5月~6月

花色：白色

果实形态：浆果卵形

蒲桃的果实

蒲桃的植株

乔木，高达 12 米。叶对生，革质，矩圆状披针形或披针形，长 10~20 厘米，宽 2.5~5 厘米，顶端渐尖，基部楔形或近楔形，侧脉至近边缘处汇合；叶柄长约 1 厘米。聚伞花序顶生，有数朵花；花芽直径约 1.5 厘米；花绿白色，直径 4~5 厘米；萼筒倒圆锥形，长 7~10 毫米，裂片 4 枚，半圆形，长约 5 毫米，宿存；花瓣 4 枚，逐片脱落；雄蕊多数，离生，伸出。浆果核果状，球形或卵形，直径 2.5~4 厘米，成熟时黄色，有油腺点，顶端有宿存萼片；内含种子 1~2 颗，摇之有声。

浆果可生食或作蜜饯，是热带、亚热带栽培果树之一。树形美丽，可栽作庭荫树及固堤、防风树。

南洋楹

Falcataria moluccana (Miq.) Barneby et J. W. Grimes

花期

1
2
3
4
5
6
7
8
9
10
11
12

南洋楹

科属：豆科南洋楹属

类型：乔木

生态环境及分布：

原产于马来西亚及印度尼西亚，中国福建、广东、广西有栽培，多植为庭园树和行道树。

果期：6月~12月

花色：白色

果实形态：荚果带形

常绿大乔木，树干通直，高15~30米；嫩枝圆柱状或微有棱，被柔毛。托叶锥形，早落。羽片6~20对，上部的通常对生，下部的有时互生；总叶柄基部及叶轴中部以上羽片着生处有腺体；小叶6~26对，无柄，菱状长圆形，长1~1.5厘米，宽3~6毫米，先端急尖，基部圆钝或近截形；中脉偏于上边缘。穗状花序腋生，单生或数个组成圆锥花序；花初白色，后变黄；花萼钟状，长2.5毫米；花瓣长5~7毫米，密被短柔毛，仅基部连合。荚果带形，长10~13厘米，宽1.3~2.3厘米，熟时开裂；种子多颗。

木材适于作一般家具、室内建筑构件、箱板、农具、火柴等。木材纤维含量高，是造纸、人造丝的优良材料；幼龄树皮含单宁，可提制栲胶。本种还是白木耳生产的优良段木。

荔枝

Litchi chinensis Sonn.

花期

1
2
3
4
5
6
7
8
9
10
11
12

荔枝的花

别名：丹荔、丽枝

科属：无患子科荔枝属

类型：乔木

生态环境及分布：

分布于中国福建、广东、广西及云南，亚洲东南部有栽种。

果期：5月~8月

花色：黄色

果实形态：核果球形

荔枝的果实

荔枝

常绿乔木，高 8~10 米；小枝有白色小斑点和微柔毛。偶数羽状复叶，互生，连柄长 10~25 厘米；小叶 2~4 对，革质，披针形至矩圆状披针形，长 6~15 厘米，宽 2~4 厘米，上面有光泽，下面粉绿。圆锥花序顶生，长 16~30 厘米，有褐黄色短柔毛；花小，绿白色或淡黄色，杂性；花萼杯状，有锈色小粗毛，萼片 4 枚；无花瓣；雄蕊常为 8 枚。核果球形或卵形，直径 2~3.5 厘米，果皮暗红色，有小瘤状突起；种子黑色，为白色、肉质、多汁、甘甜的假种皮所包。

荔枝是华南地区重要果树，栽培历史久，品种很多。也常于庭园栽植。假种皮可食用；肉多，汁甜，含丰富的果糖，不能多吃，容易得荔枝病（大量进食鲜荔枝后，机体胰岛素分泌过多引起的低血糖反应）。

在深圳地区常见的栽培品种有：

1. 糯米糍 *Litchi chinensis* 'Nuo Mi Ci'
2. 桂　味 *Litchi chinensis* 'Gui Wei'
3. 妃子笑 *Litchi chinensis* 'Fei Zi Xiao'
4. 黑　叶 *Litchi chinensis* 'Hei Ye'
5. 怀　枝 *Litchi chinensis* 'Huai Zhi'
6. 三月红 *Litchi chinensis* 'San Yue Hong'

小叶榄仁

Terminalia mantaly H.Perrier

花期

1
2
3
4
5
6
7
8
9
10
11
12

小叶榄仁的花

小叶榄仁的果实

别名：细叶榄仁、非洲榄仁、雨伞树

科属：使君子科诃子属

类型：乔木

生态环境及分布：

原产于非洲马达加斯加；分布于中国广东、香港、台湾、广西，为优良的海岸树种，也常作行道树使用。

果期：4月~9月

花色：黄绿色

果实形态：核果阔椭圆形

小叶榄仁的树干

小叶榄仁的植株

落叶乔木，高 5~15 米，主干浑圆挺直，树皮灰褐色，冠幅 2~5 米，侧枝轮生呈水平展开，树冠伞形。叶互生，呈广椭圆形，簇生于枝条末端，叶端较阔，叶质厚，呈革质，长 3.5~7 厘米，宽 1.2~3.2 厘米，全缘，表面深绿色，冬季落叶。穗状花序腋生，花两性，淡绿色，花萼 5 裂，无花瓣；雄蕊 10 枚，两轮排列，着生于萼管上。核果阔椭圆形，黄褐色，外形似橄榄，无毛。

小叶榄仁树形优美，主干挺拔，郁郁葱葱，耐强风吹袭且耐盐分，为优良的海岸树种，也常做行道树使用。

垂柳

Salix babylonica L.

花期

1
2
3
4
5
6
7
8
9
10
11
12

垂柳的叶

别名：柳树

科属：杨柳科柳属

类型：乔木

生态环境及分布：

原产于长江流域与黄河流域，其他各地均栽培，为道旁、水边等绿化树种。耐水湿，也能生于干旱处。

果期：4月~5月

花色：黄色

果实形态：蒴果椭圆形

垂柳的树干

垂柳的植株

落叶乔木；小枝细长，下垂，无毛，有光泽，褐色或带紫色。叶矩圆形、狭披针形或条状披针形，长 9~16 厘米，宽 5~15 毫米，先端渐尖或长渐尖，基部楔形，有时歪斜，边缘有细锯齿，两面无毛，下面带白色，侧脉 15~30 对；叶柄长 6~12 毫米，有短柔毛。花序轴有短柔毛；雄花序长 1.5~2 厘米；苞片椭圆形，外面无毛，边缘有睫毛；雄蕊 2 枚，离生，基部有长柔毛，有 2 腺体；雌花序长达 5 厘米。蒴果长 3~4 毫米，黄褐色。

垂柳在春天出嫩芽，是季节的见证物，其形态婀娜多姿，临水而生，随风摇曳，如窈窕淑女，也是千百年来文人墨客颂扬不已的题材之一。

澳洲鸭脚木

Schefflera actinophylla (Endl.) Harms

花期

1
2
3
4
5
6
7
8
9
10
11
12

澳洲鸭脚木的花

别名：大叶伞、昆士兰伞木、辐叶鹅掌柴

科属：五加科鹅掌柴属

类型：乔木

生态环境及分布：

原产于澳大利亚（昆士兰）及太平洋中的一些岛屿，世界热带地区广为栽培。

果期：8月~11月

花色：紫红色

果实形态：核果球形

常绿乔木，高可达30~40米，全株无毛。茎秆直立，少分枝，嫩枝绿色，后呈褐色，平滑。掌状复叶有小叶9~11片，叶柄长35~45厘米，红褐色，小叶片长椭圆形，长11~30厘米，宽5~9厘米，基部楔形，先端骤尖，侧脉每边8~20条。伞房状圆锥状花序，具花10~20朵，花瓣11~13枚，外面淡紫红色，里面白色；雄蕊11~13枚。核果球形，有纵沟，成熟时红色。

中国华南地区常见栽培，作园林观赏植物或室内盆栽。

澳洲鸭脚木

桫椤

Cyathea corcovadensis (Raddi) Domin

花期

1
2
3
4
5
6
7
8
9
10
11
12

桫椤

别名：刺桫椤

科属：桫椤科桫椤属

类型：乔木

生态环境及分布：

分布于中国华南、西南。生于海拔 260~1600 米的山地溪旁或疏林中，常栽培作观赏性植物。

桫椤的树干

桫椤的植株

茎干高达6米或更高，直径10~20厘米，上部有残存的叶柄，向下密被交织的不定根。叶螺旋状排列于茎顶端；茎段端和拳卷叶以及叶柄的基部密被鳞片和糠秕状鳞毛，鳞片暗棕色，有光泽，狭披针形，先端呈褐棕色刚毛状，两侧有窄而色淡的啮齿状薄边；叶柄长30~50厘米；叶片大，长矩圆形，长1~2米，宽0.4~1.5米，三回羽状深裂；羽片17~20对，互生，基部一对缩短，长约30厘米，中部羽片长40~50厘米，宽14~18厘米，长矩圆形，二回羽状深裂；小羽片18~20对，基部小羽片稍缩短，中部的长9~12厘米，宽1.2~1.6厘米，披针形，先端渐尖而有长尾，基部宽楔形，无柄或有短柄，羽状深裂；裂片18~20对，斜展，基部裂片稍缩短，镰状披针形，短尖头，边缘有锯齿；叶脉在裂片上羽状分裂，基部下侧小脉出自中脉的基部；叶纸质，干后绿色；羽轴、小羽轴和中脉上面被糙硬毛，下面被灰白色小鳞片。孢子囊群孢生于侧脉分叉处，靠近中脉，有隔丝，囊托突起，囊群盖球形，薄膜质，外侧开裂，易破，成熟时反折覆盖于主脉上面。

桫椤是古老的蕨类植物，有蕨类植物之王的美称，被众多国家列为一级保护的濒危植物，有“活化石”之称。由于桫椤的古老性和孑遗性，与恐龙化石并存，对研究物种的形成和植物地理区系具有重要价值，在研究恐龙生活时期的古生态环境、研究恐龙兴衰、地质变迁方面也具有重要参考价值。

罗汉松

Podocarpus macrophyllus (Thunb.) Sweet

花期

1
2
3
4
5
6
7
8
9
10
11
12

罗汉松的叶

别名：罗汉杉、土杉

科属：罗汉松科罗汉松属

类型：乔木

生态环境及分布：

分布于长江流域以南各省区。栽培于庭园作观赏树。

种子形态：卵圆形

罗汉松的种子

罗汉松的植株

常绿乔木，枝叶稠密。叶螺旋状排列，条状披针形，长 7~10 厘米，宽 5~8 毫米，先端渐尖或钝尖，基部楔形，有短柄，上下两面有明显隆起的中脉。雄球花穗状，常 3~5 簇生叶腋，长 3~5 厘米；雌球花单生叶腋，有梗。种子卵圆形，长 1~1.2 厘米，熟时肉质套被紫色或紫红色，有白粉，着生于肥厚肉质的种托上，种托红色或紫红色，梗长 1~1.5 厘米。

罗汉松的种子球状，种子 8~9 月成熟。肉质而肥大，着生于种托之上，全形似披着袈裟的罗汉，因此得名“罗汉松”。罗汉松野生的树木极少。

蒲葵

Livistona chinensis (Jacq.) R.Br. ex Mart.

花期

1
2
3
4
5
6
7
8
9
10
11
12

蒲葵的果实

别名：扇叶葵

科属：棕榈科蒲葵属

类型：乔木

生态环境及分布：

分布于中国南部，树形优美，是华南地区园林优良树种，常作行道树。

果期：4月

花色：黄绿色

果实形态：核果椭圆形

蒲葵的树干

蒲葵的植株

乔木，高达 20 米。叶阔肾状扇形，直径达 1 米以上，掌状深裂至中部，裂片条状披针形，宽 1.8~2 厘米，顶端长渐尖，深 2 裂，其分裂部分长达 50 厘米，下垂；叶柄长达 2 米，下部有 2 列逆刺。肉穗花序排成圆锥花序式，长达 1 米余，腋生，分枝疏散；总苞棕色，管状，坚硬；花小，两性，黄绿色，长约 2 毫米，萼片 3 枚，覆瓦状排列；花冠 3 裂几达基部；雄蕊 6 枚。核果椭圆形，状如橄榄，长 1.8~2 厘米，宽约 1 厘米，黑色。

蒲葵的嫩叶可制葵扇，老叶可制蓑衣，叶裂片的中脉可制牙签。

假槟榔

Archontophoenix alexandrae (F. Muell.) H. Wendl. et Drude

花期

1
2
3
4
5
6
7
8
9
10
11
12

假槟榔的花

别名：亚历山大椰子

科属：棕榈科假槟榔属

类型：乔木

生态环境及分布：

原产于澳大利亚；中国福建、台湾、广东、海南、广西、云南有栽培。多植于庭园中或作行道树。

果期：4月~7月

花色：黄绿色

果实形态：核果椭圆形

假槟榔的树干

假槟榔的植株

乔木，高达 20 米；茎基部略膨大。叶羽状全裂，裂片条状披针形，2 列，长达 45 厘米，宽 3~5 厘米，顶端渐尖，全缘或有缺刻，叶面绿色，叶背有灰白色鳞秕状被覆物；叶鞘长，绿色，膨大而包茎。肉穗花序生于叶鞘束下，多分枝，排成圆锥花序式，下垂，长 30~40 厘米，总苞 2 枚，鞘状，长 45 厘米；花雌雄同株，白色或乳酪色，雄花萼片三角状圆形，长约 3 毫米；花瓣斜卵状矩圆形，长约 6 毫米；雄蕊 9~10 枚；雌花萼片和花瓣圆形，长 3~4 毫米。果卵状球形，长 1.2~1.4 厘米，红色。

王棕

Roystonea regia (Kunth.) O. F. Cook

花期

1
2
3
4
5
6
7
8
9
10
11
12

王棕的叶

别名：大王椰子、王椰、大王椰

科属：棕榈科王棕属

类型：乔木

生态环境及分布：

原产于古巴，现广植于各热带地区；中国广东、广西和台湾有栽培。通常为行道树，或植于庭园中。

果期：10月

花色：白色

果实形态：核果球形

王棕的树干

王棕的植株

乔木，高 10~20 米；茎幼时基部明显膨大，老时中部膨大。叶聚生于茎顶，羽状全裂，长达 3.5 米；裂片条状披针形，长 60~90 厘米，通常 4 列排列，顶端渐尖，基部稍外向折叠；叶鞘长，紧包着干顶。肉穗花序生于叶鞘束下，多分枝，排成圆锥花序式，长 50~60 厘米或更长； 花小，白色，雌雄同株，雄花长 6~7 毫米，雄蕊 6 枚，与花瓣等长；雌花长约为雄花之半，花冠壶状，3 裂至中部。果近球形，长 8~13 毫米，基部稍狭，红褐色至淡紫色；种子 1 颗，卵形，一侧压扁。

霸王棕

Bismarckia nobilis Hildebr. et H.Wendl.

花期

1
2
3
4
5
6
7
8
9
10
11
12

霸王棕的果实

别名：霸王棕榈、霸王椰子

科属：棕榈科霸王棕属

类型：乔木

生态环境及分布：

原产于非洲马达加斯加；中国华南地区有引种栽培，作行道树和园景树。

花色：红色

果实形态：核果球形

霸王棕的果实

霸王棕的植株

常绿大乔木，原产地的植株高达 60 米，干径 60~90 厘米；但栽培的霸王棕通常高不足 10 米，干径 25 厘米。叶掌状裂，径达 1~1.5 米，裂片约 75 毫米，蜡质，蓝灰色；叶柄长，有刺状齿。花单性异株；雄花序具 4~7 红褐色小花轴，长达 21 厘米；雌花序较长而粗。核果卵球形，长达 4 厘米，果柄长达 1.9 厘米。

霸王棕的蓝灰色的叶片很引人注目，可栽作行道树和园景树。

油棕

Elaeis guineensis Jacq.

花期

1
2
3
4
5
6
7
8
9
10
11
12

油棕的幼苗

别名：油椰子

科属：棕榈科油棕属

类型：乔木

生态环境及分布：

原产于非洲热带地区。中国台湾、海南及云南热带地区有栽培。

果期：9月

花色：黄色

果实形态：核果球形

油棕的种子

油棕的植株

直立乔木状，高达10米或更高，直径达50厘米，叶多，羽状全裂，簇生于茎顶，长3~4.5米，羽片外向折叠，线状披针形，长70~80厘米，宽2~4厘米，下部的退化成针刺状；叶柄宽。花雌雄同株异序，雄花序由多个指状的穗状花序组成，穗状花序长7~12厘米，直径1厘米，上面着生密集的花朵，穗轴顶端呈突出的尖头状，苞片长圆形，顶端为刺状小尖头；雄花萼片与花瓣长圆形，长4毫米，宽1毫米，顶端急尖；雌花序近头状，密集，长20~30厘米，苞片大，长2厘米，顶端的刺长7~30厘米；雌花萼片与花瓣卵形或卵状长圆形，长5毫米，宽2.5毫米。果实卵球形或倒卵球形，长4~5厘米，直径3厘米，熟时橙红色。种子近球形或卵球形。

油棕是一种重要的热带油料作物。其油可供食用和工业用，特别是用于食品工业。

加拿利海枣

Phoenix canariensis Chabaud

花期

1

2

3

4

5

6

7

8

9

10

11

12

加拿利海枣的叶

别名：加拿利刺葵

科属：棕榈科刺葵属

类型：乔木

生态环境及分布：

原产于非洲西岸的加拿利岛，20世纪80年代引入中国。树形美丽壮观，在华南栽作行道树或用于公园造景。

果期：8月~9月

花色：黄色

果实形态：浆果球形

加拿利海枣的树干

加拿利海枣的植株

常绿乔木，高达10~15米。羽状复叶，长达5~6米，小叶基部内折，长20~40厘米，宽1.5~2.5厘米，基部小叶成刺状，在中轴上排成数行。穗状花序腋生，花小，黄褐色；花单性异株，花序长约2米。浆果球形，长约1.8厘米，熟时黄色至淡红色。

树形美丽壮观，在华南栽作行道树或用于公园造景；北京有盆栽，供观赏，温室越冬。

椰子

Cocos nucifera L.

花期

1
2
3
4
5
6
7
8
9
10
11
12

椰子

别名：椰瓢、大椰

科属：棕榈科椰子属

类型：乔木

生态环境及分布：

原产于世界热带岛屿及海岸，以亚洲最集中；华南有栽培，以海南岛最多。

果期：秋季

花色：黄色

果实形态：坚果球形

椰子的果实

椰子的植株

常绿乔木，高15~30米。叶羽状全裂，长3~4米；裂片条状披针形，长50~100厘米或更长，宽3~4厘米，基部明显的外向折叠。肉穗花序腋生，长1.5~2米，多分枝，雄花聚生于分枝上部，雌花散生于下部；总苞纺锤形，厚木质，长60~100厘米，脱落。坚果倒卵形或近球形，长15~25厘米，顶端微具3棱，中果皮厚而纤维质，内果皮骨质，近基部有3萌发孔；种子1颗，种皮薄，紧贴着白色坚实的胚乳，胚乳内有一富含液汁的空腔；胚基生。

椰子是优美的风景树及海岸防护林树种，在华南海滨栽植。

果实是热带著名佳果之一。椰肉可食用或榨油；椰棕可制绳索等；树干可做梁柱或伞柄。

落羽杉

Taxodium distichum (L.) Rich.

花期

1
2
3
4
5
6
7
8
9
10
11
12

落羽杉的球果

别名：落羽松

科属：柏科落羽杉属

类型：乔木

生态环境及分布：

原产于北美东南部，耐水湿，能生于排水不良的沼泽地上。中国华南、华中、华东有引种作为园林观赏植物。

球果形态：球果球形

落羽杉的树干

落羽杉的植株

落叶乔木，在原产地高达 50 米，胸径可达 2 米；树干尖削度大，干基通常膨大，常有屈膝状的呼吸根；树皮棕色，裂成长条片脱落；枝条水平开展，幼树树冠圆锥形，老则呈宽圆锥状；新生幼枝绿色，到冬季则变为棕色；生叶的侧生小枝排成二列。叶条形，扁平，基部扭转在小枝上列成二列，羽状，长 1~1.5 厘米，宽约 1 毫米，先端尖，上面中脉凹下，淡绿色，下面黄绿色或灰绿色，中脉隆起，每边有 4~8 条气孔线，凋落前变成暗红褐色。雄球花卵圆形，有短梗，在小枝顶端排列成总状花序状或圆锥花序状。球果球形或卵圆形，有短梗，向下斜垂，熟时淡褐黄色，有白粉，径约 2.5 厘米；种鳞木质，盾形，顶部有明显或微明显的纵槽；种子不规则三角形，有锐棱，长 1.2~1.8 厘米，褐色。球果 10 月成熟。

木材重，纹理直，结构较粗，硬度适中，耐腐力强，可制作家具、船只等用。中国江南低湿地区已用之造林或栽培作庭园树。

池杉

Taxodium distichum var. *imbricatum* (Nutt.) Croom

花期

1
2
3
4
5
6
7
8
9
10
11
12

池杉的叶

科属：柏科落羽杉属

类型：乔木

生态环境及分布：

原产北美东南部，耐水湿，能生于排水不良的沼泽地上。中国华南、华中、华东有引种作为园林观赏植物。

乔木，在原产地高达 25 米；树干基部膨大，通常有屈膝状的呼吸根；树皮褐色，纵裂，成长条片脱落；枝条向上伸展，树冠较窄，呈尖塔形；当年生小枝绿色，细长，通常微向下弯垂，二年生小枝呈褐红色。叶钻形，微内曲，在枝上螺旋状伸展，上部微向外伸展或近直展，下部通常贴近小枝，基部下延，长 4~10 毫米，基部宽约 1 毫米，向上渐窄，先端有渐尖的锐尖头，下面有棱脊，上面中脉微隆起，每边有 2~4 条气孔线。球果圆球形或矩圆状球形，有短梗，向下斜垂，熟时褐黄色，长 2~4 厘米，径 1.8~3 厘米；种鳞木质，盾形，中部种鳞高 1.5~2 厘米；种子不规则三角形，微扁，红褐色，长 1.3~1.8 厘米，宽 0.5~1.1 厘米，边缘有锐脊。球果 10 月成熟。

中国华东、华中等地有栽培，生长良好，多作为低湿地的造林树种或作庭园树。木材性质和用途与落羽杉相同。

池杉

异叶南洋杉

Araucaria heterophylla (Salisb.) Franco

花期

1
2
3
4
5
6
7
8
9
10
11
12

异叶南洋杉的叶

别名：猴子杉、肯氏南洋杉、细叶南洋杉

科属：南洋杉科南洋杉属

类型：乔木

生态环境及分布：

原产于大洋洲东南沿海地区。中国广州、海南岛、厦门等地有栽培，作庭园树。

异叶南洋杉的树干

异叶南洋杉的植株

乔木，在原产地高达 60~70 米，胸径达 1 米以上，树皮灰褐色或暗灰色，粗糙，横裂；大枝平展或斜伸，幼树冠尖塔形，老则成平顶状，侧生小枝密生，下垂，近羽状排列。叶二型：幼树和侧枝的叶排列疏松，开展，钻状、针状、镰状或三角状，长 7~17 毫米，基部宽约 2.5 毫米，微弯，微具四棱或上面的棱脊不明显，上面有多数气孔线，下面气孔线不整齐或近于无气孔线；大树及花果枝上的叶排列紧密而叠盖，斜上伸展，微向上弯，卵形，三角状卵形或三角状，无明显的背脊或下面有纵脊，长 6~10 毫米，宽约 4 毫米，基部宽，上部渐窄或微圆，先端尖或钝，中脉明显或不明显，上面灰绿色，有白粉，有多数气孔线，下面绿色，仅中下部有不整齐的疏生气孔线。雄球花单生枝顶，圆柱形。球果卵形或椭圆形，长 6~10 厘米，径 4.5~7.5 厘米；种子椭圆形，两侧具结合而生的膜质翅。

异叶南洋杉作庭园树生长快，长江以北有盆栽。深圳仙湖植物园有国务院原副总理钱其琛同志栽种的纪念树。

木材可用于建筑，制作器具、家具等。

苏铁

Cycas revoluta Thunb.

花期

1
2
3
4
5
6
7
8
9
10
11
12

苏铁的雌球花

别名：避火蕉、凤尾草

科属：苏铁科苏铁属

类型：乔木

生态环境及分布：

分布于中国福建、广东，现普遍栽培于庭园作观赏植物。

花色：黄色

苏铁的种子

苏铁的植株

常绿乔木，不分枝，高 1~4 米，密被宿存的叶基和叶痕。羽状叶长 0.5~2 米，基部两侧有刺； 羽片达 100 对以上，条形，质坚硬，长 9~18 厘米，宽 4~6 毫米，先端锐尖，边缘向下卷曲，深绿色，有光泽，下面有毛或无毛。雄球花圆柱形，长 30~70 厘米，直径 10~15 厘米，小孢子叶长方状楔形，长 3~7 厘米，上端宽 1.7~2.5 厘米，有急尖头，有黄褐色绒毛；大孢子叶扁平，长 14~22 厘米，密生黄褐色长绒毛，上部顶片宽卵形，羽状分裂，其下方两侧着生数枚近球形的胚珠。种子卵圆形，微扁，顶凹，长 2~4 厘米，熟时橘红色。苏铁的种子 10 月成熟。

旅人蕉

Ravenala madagascariensis Sonn.

花期

1
2
3
4
5
6
7
8
9
10
11
12

旅人蕉

别名：扇芭蕉、旅人木

科属：旅人蕉科旅人蕉属

类型：乔木

生态环境及分布：

原产于非洲马达加斯加；现热带及暖亚热带各地有栽培。中国华南一些城市引进栽种于庭院作观赏植物。

花色：白色

果实形态：蒴果形似鸟嘴尖

大型多年生乔木状草本植物，可高达 10 米左右。茎直立，常丛生。叶大型，具长柄及叶鞘，在茎端成二列互生，呈折扇状；叶片长椭圆形，长 3~4 米，宽 65 厘米。花序腋生，花序轴每边有佛焰苞 5~6 枚，佛焰苞长 25~35 厘米，宽 5~8 厘米，内有花 5~12 朵，排成蝎尾状聚伞花序；萼片披针形，长约 20 厘米，宽 12 毫米，革质；花瓣与萼片相似，唯中央 1 枚稍较狭小；雄蕊线形，长 15~16 厘米，花药长为花丝的 2 倍；柱头纺锤状。蒴果开裂为 3 瓣；种子肾形，长 10~12 厘米，宽 7~8 毫米；被碧蓝色、撕裂状假种皮。

树形别致，是极富热带风光的观赏植物。华南一些城市庭园中有栽培。喜光照充足及高温多湿，要求排水良好的沙质壤土。

传闻在马达加斯加旅行的人口渴时，可用小刀戳穿其叶柄基部得水而饮，故有“旅人蕉”之名。

旅人蕉的植株

青皮竹

Bambusa textilis McClure

花期

1 2 3 4 5 6 7 8 9 10 11 12

青皮竹

别名：扎蔑竹、搭棚竹、广宁竹、篾竹

科属：禾本科簕竹属

类型：乔木

生态环境及分布：

原产于中国广东、广西，华东有引种栽培。华南地区多植于园林绿地。

花色：黄色

青皮竹的叶

青皮竹的植株

竹秆高6~10米，径3~6厘米，顶端弓形下垂，节间长40~60厘米，壁薄，中部常有白粉及刚毛，后脱落，分枝节高。叶片长11~24厘米。

竹材坚韧，宜劈篾供编织用，是华南优良篾用竹材，畅销国内外。竹秆修长青翠，也常植为园林绿化品种。变种绿篱竹（花秆青皮竹）竹秆下部节间和箨鞘均为绿色而有黄白色条纹。在华南地区常栽作绿篱。

棕竹

Rhapis excelsa (Thunb.) Henry

花期

1
2
3
4
5
6
7
8
9
10
11
12

棕竹

别名：裂叶棕竹

科属：棕榈科棕竹属

类型：灌木

生态环境及分布：

分布于中国东南部至西南部。生山地疏林中；也栽植于庭园中。

果期：10月~12月

花色：黄色

果实形态：浆果球形

棕竹的果实

棕竹

从生灌木，高 2~3 米；茎圆柱形，有节，直径 2~3 厘米，上部覆以褐色、网状，粗纤维质的叶鞘。叶掌状，5~10 深裂；裂片条状披针形，长达 30 厘米，宽 2~5 厘米，顶端阔，有不规则齿缺，边缘和主脉上有褐色小锐齿，横脉多而明显；叶柄长 8~20 厘米，稍扁平，横切面呈椭圆形，顶端的小戟突常呈半圆形，被毛或后变无毛。肉穗花序长达 30 厘米，多分枝，总苞 2~3 枚，管状，被棕色弯卷绒毛；花雌雄异株，雄花较小，淡黄色，无柄；雌花较大，卵状球形。浆果球形，直径 8~10 毫米，宿存的花冠管不变成实心的柱状体。

棕竹的秆可作手杖和伞柄。

斑叶鹅掌藤

Schefflera arboricola 'Variegata'

花期

1
2
3
4
5
6
7
8
9
10
11
12

斑叶鹅掌藤的果实

别名：花叶鸭脚木、花叶鹅掌藤

科属：五加科鹅掌柴属

类型：灌木

生态环境及分布：

原产于中国台湾、广东、海南和广西南部。常栽培作园林观赏植物。

果期：10月~12月

花色：黄色

果实形态：核果球形

常绿灌木，高3~5米。掌状复叶，小叶6~9枚，革质，长卵圆形或椭圆形，长8~12厘米，宽2~3厘米，基部楔形，边缘全缘，侧脉每边4~6条，叶绿色，叶面具不规则乳黄色至浅黄色斑块。伞形花序再总状排列，有花8~10朵，花瓣5~6枚，淡黄色；雄蕊5~6枚，花丝与花瓣近等长，子房5~6室，无花柱。核果球形，成熟时黄色。

斑叶鹅掌藤

变叶木

Codiaeum variegatum (L.) Rumph. ex A.Juss.

变叶木的花序

别名：变色月桂、洒金榕

科属：大戟科变叶木属

类型：灌木

生态环境及分布：

原产于亚洲马来半岛至大洋洲；现广泛栽培于热带地区。中国南部各省区常见栽培，作公园观叶植物。

花色：黄色

果实形态：蒴果球形

直立灌木；幼枝灰褐色，全株无毛。叶形多变化，倒披针形、条状倒披针形、条形、椭圆形或匙形，长 8~30 厘米，宽 0.5~4 厘米，不分裂或叶片中部中断而将叶片分成上下两片，质厚，绿色或杂以白色、黄色或红色斑纹；叶柄长 0.5~2.5 厘米。总状花序腋生，长 10~20 厘米；花小，单性，雌雄同株；雄花花盘腺体 5 枚，雄蕊约 30 枚，无退化子房；雌花花盘杯状，子房 3 室，每室 1 胚珠；花柱 3 个，分离，不分裂。蒴果球形，直径 7~9 毫米；种子长约 6 毫米。

变叶木易扦插繁殖，园艺品种多。

深圳变叶木常见的栽培品种有：

1. 细叶变叶木 【*Codiaeum variegatum*（Taeniosum）】 叶条形，细而长。
2. 阔叶变叶木 【*Codiaeum variegatum*（Platyphyllum）】 叶卵形或椭圆形。
3. 戟叶变叶木 【*Codiaeum variegatum*（Lobatum）】 叶宽，有 3 裂。
4. 旋叶变叶木 【*Codiaeum variegatum*（Crispum）】 叶带形，不规则地螺旋扭曲。
5. 蜂腰变叶木 【*Codiaeum variegatum*（Appendiculatum）】 叶带形，分成两段，中间以中脉连接，形似黄蜂细腰。
6. 长叶变叶木 【*Codiaeum variegatum*（Ambiguum）】 叶片带形。

变叶木

红背桂

Excoecaria cochinchinensis Lour.

花期

1
2
3
4
5
6
7
8
9
10
11
12

红背桂的花

别名：红紫木、紫背桂

科属：大戟科海漆属

类型：灌木

生态环境及分布：

生长于丘陵灌丛中。原产于东南亚；中国广西南部有分布，南方多栽培。

果期：全年

花色：黄色

果实形态：蒴果球形

红背桂的果实

红背桂

常绿灌木，植株高 1~2 米；全体无毛，枝条细长，平滑。叶对生或 3 枚轮生，叶片狭长椭圆形，长 6~13 厘米，宽 1~5 厘米，先端尖，基部楔形，边缘有细浅齿。表面深绿色，有光泽；背面紫红色，有短柄。花单性，雌雄异株，穗状花序，黄色，无花瓣；雌花序由 3~5 朵花组成，略短于雄花序；雄花苞片阔卵形，每 1 苞片仅有 1 花。蒴果球形，具 3 圆棱，紫红色，顶部凹陷；种子近球形。

南方城市常栽种于公园、绿地、住宅区作绿篱，北方多温室盆栽观赏。

红背桂因其叶背为红色而得名。

龟背竹

Monstera deliciosa Liebm.

花期

1
2
3
4
5
6
7
8
9
10
11
12

龟背竹

别名：蓬莱蕉、龟背蕉、龟背、电线草

科属：天南星科龟背竹属

类型：灌木

生态环境及分布：

原产于墨西哥，各热带地区有栽培，作园林观叶植物。

花色：黄色

果实形态：浆果椭圆形

龟背竹的果序

龟背竹的叶片孔洞

攀缘灌木。茎绿色，粗壮，具气生根。叶柄绿色，长常达 1 米，腹面扁平，宽 4~5 厘米，背面钝圆，粗糙，边缘锐尖，基部甚宽，对折抱茎，排列为覆瓦状，两侧叶鞘宽，向上渐狭，脱落后叶柄边缘成皱波状；叶片大，轮廓心状卵形，宽 40~60 厘米，厚革质，表面发亮，淡绿色，背面绿白色，边缘羽状分裂，侧脉间有 1~2 个较大的空洞，靠近中肋者多为横圆形，宽 1.5~4 厘米，向外的为横椭圆形，宽 5~6 厘米；中肋及侧脉表面绿色，背面绿白色，两面均隆起。花序柄长 15~30 厘米，粗 1~3 厘米，绿色，粗糙。佛焰苞厚革质，宽卵形，舟状，近直立，先端具喙，长 20~25 厘米，苍白带黄色。肉穗花序近圆柱形，长 17.5~20 厘米，淡黄色。雄蕊花丝线形，花粉黄白色；雌蕊陀螺状。浆果淡黄色。

龟背竹既可作庭园耐阴性观赏植物，又可作为公园树荫下的立体栽培品种，是一种观赏价值高的观叶植物；同时，还可作为插花的高级衬叶。

龟背竹来自墨西哥热带雨林，那里经常有暴风雨出现，而龟背竹的叶裂和叶孔可以疏通雨水且不挡风，避免被风吹雨打而受伤，是植物的自我保护措施。龟背竹还能预报天气呢，如果它的叶面上渗出水珠，就是告诉你天快下雨啦！

金嘴蝎尾蕉

Heliconia rostrata Ruiz et Pav.

花期

1 2 3 4 5 6 7 8 9 10 11 12

金嘴蝎尾蕉的花序

别名：红嘴蝎尾蕉、垂序蝎尾蕉

科属：蝎尾蕉科蝎尾蕉属

类型：草本

生态环境及分布：

原产于美洲热带地区阿根廷至秘鲁一带，中国华南地区有栽培，作园林绿化植物。

花色：黄色

多年生常绿草本植物。植株高 1~6 米。地下具根茎，地上假茎细长，墨绿色，具紫褐色斑纹。叶互生，直立，狭披针形或带状阔披针形，革质，有光泽，深绿色，全缘。顶生穗状花序最具特色，下垂，花序蝎尾状，长 30~50 厘米，木质的苞片互生，呈二列互生排列成串，船形，基部深红色，近顶端 1/3 为金黄色，边缘有黄绿色相间斑纹。

金嘴蝎尾蕉是优良的园林绿化植物，花姿奇特，花色艳丽，也是高级垂吊切花材料，因其花形似鸟喙状而得名。

金嘴蝎尾蕉

风车草

Cyperus involucratus Rottb.

花期

1
2
3
4
5
6
7
8
9
10
11
12

风车草

别名：伞草、旱伞草

科属：莎草科莎草属

类型：草本

生态环境及分布：

原产于非洲，中国南北各省均见栽培，作为观赏水生植物。

果期：8月~10月

花色：黄色

果实形态：坚果椭圆形

根状茎短，粗大，须根坚硬。秆稍粗壮，高30~150厘米，近圆柱状，上部稍粗糙，基部包裹以无叶的鞘，鞘棕色。苞片20枚，长几相等，较花序长约2倍，宽2~11毫米，向四周展开，平展；多次复出长侧枝聚伞花序具多数第一次辐射枝，辐射枝最长达7厘米，每个第一次辐射枝具4~10个第二次辐射枝，最长达15厘米；小穗密集于第二次辐射枝上端，椭圆形或长圆状披针形，长3~8毫米，宽1.5~3毫米，压扁，具6~26朵花；小穗轴不具翅；鳞片紧密的覆瓦状排列，膜质，卵形，顶端渐尖，长约2毫米，苍白色，具锈色斑点，或为黄褐色，具3~5条脉；雄蕊3枚。小坚果椭圆形，近于三棱形，长为鳞片的1/3，褐色。

风车草依水而生，生长于森林、草原地区的大湖、河流边缘的沼泽中。植株茂密，丛生，茎秆秀雅挺拔，叶伞状，植株形态奇特优美。种植于溪流岸边，与假山、礁石搭配，四季常绿，风姿绰约，尽显安然娴静的自然美，是园林水体造景常用的观叶植物。

风车草的植株

春羽

Philodendron bipinnatifidum Schott ex Endl.

花期

1
2
3
4
5
6
7
8
9
10
11
12

春羽

别名：羽裂喜林芋

科属：天南星科喜林芋属

类型：草本

生态环境及分布：

原产于巴西、巴拉圭等地。中国华南亚热带常绿阔叶地区有栽培。

果期：1月~3月

花色：黄色

果实形态：浆果椭圆形

多年生常绿草本观叶植物。植株高大，可 达 1.5 米以上。茎极短，直立性，呈木质化，生有很多气生根。叶柄坚挺而细长，可达 1 米。叶为簇生型，着生于茎端，叶片巨大，为广心脏形，叶长 60 厘米，宽 40 厘米，全叶羽状深裂似手掌状，革质，浓绿而有光泽。肉穗花序近圆柱形。浆果淡黄色。

常作观叶植物，盆栽于室内点缀或者绿化小区、公园。

春羽

花烛

Anthurium andraeanum Linden ex Andre

花期

1
2
3
4
5
6
7
8
9
10
11
12

花烛的花

别名：红掌、蜡烛花

科属：天南星科花烛属

类型：草本

生态环境及分布：

原产于南美洲热带，现在欧洲、亚洲、非洲皆有广泛栽培。

花色：黄色

多年生常绿草本花卉，高 30~80 厘米，具肉质根，无茎，叶从根茎抽出，具长柄，革质，单生心形，鲜绿色，叶脉凹陷。花腋生，佛焰苞蜡质，正圆形至卵圆形，鲜红色、橙红肉色、白色，表面波皱；肉穗花序，圆柱状，直立，黄色。

苞片猩红艳丽，形似庙里供奉佛祖的烛台，肉穗花序，圆柱状，直立，整个“佛焰花序”恰似一支插着蜡烛的烛台，因此得名“花烛”。

20 世纪 70 年代引种中国，作盆景摆放或种植在园林花境。也是常用的切花花艺材料之一，寓意大展宏图。

异叶地锦

Parthenocissus dalzielii Gagnep.

花期

1
2
3
4
5
6
7
8
9
10
11
12

异叶地锦的果实

别名：异叶爬山虎、上树蛇

科属：葡萄科地锦属

类型：藤本

生态环境及分布：

分布于中国华东、华南、西南。生山崖陡壁、山坡或山谷林中或灌丛岩石缝中。有人工栽培，常用于绿化墙壁、山石等，作城市垂直绿化。

果期：7月~11月

花色：黄色

果实形态：浆果球形

异叶地锦的吸盘

异叶地锦

落叶攀缘木质藤本。小枝圆柱形，无毛。卷须总状 5~8 分枝，相隔 2 节间断与叶对生，卷须顶端嫩时膨大呈圆珠形，后遇附着物扩大呈吸盘状。两型叶，着生在短枝上常为 3 小叶，较小的单叶常着生在长枝上；3 小叶者，中央小叶长椭圆形，长 6~21 厘米，边缘在中部以上有 3~8 个细牙齿，有侧脉 5~6 对，有短柄；侧生小叶卵椭圆形，长 5.5~19 厘米，外侧边缘有 5~8 个细牙齿，内侧边缘锯齿状，无柄。花序假顶生于短枝顶端，形成多歧聚伞花序；花瓣 4 枚，倒卵椭圆形，高 1.5~2.7 毫米，无毛；雄蕊 5 枚，花丝长 0.4~0.9 毫米，下部略宽，花药黄色，椭圆形或卵椭圆形；花盘不明显。浆果近球形，成熟时紫黑色，有种子 1~4 颗。

生于海拔 200~3800 米的山崖陡壁、山坡或山谷林中或灌丛岩石缝中。

华南地区常用于城市垂直绿化，用于墙壁、桥墩、山石等的垂直绿化。

科属索引花期表

科 属	中文种名	页 码	花 期											
白花菜科醉蝶花属	醉蝶花	217	1	2	3	4	5	6	7	8	9	10	11	12
柏科落羽杉属	落羽杉	303	1	2	3	4	5	6	7	8	9	10	11	12
柏科落羽杉属	池杉	305	1	2	3	4	5	6	7	8	9	10	11	12
唇形科大青属	赪桐	101	1	2	3	4	5	6	7	8	9	10	11	12
唇形科大青属	尖齿臭茉莉	197	1	2	3	4	5	6	7	8	9	10	11	12
唇形科冬红属	冬红	67	1	2	3	4	5	6	7	8	9	10	11	12
唇形科鼠尾草属	一串红	109	1	2	3	4	5	6	7	8	9	10	11	12
酢浆草科阳桃属	阳桃	187	1	2	3	4	5	6	7	8	9	10	11	12
大戟科变叶木属	变叶木	319	1	2	3	4	5	6	7	8	9	10	11	12
大戟科大戟属	铁海棠	97	1	2	3	4	5	6	7	8	9	10	11	12
大戟科海漆属	红背桂	321	1	2	3	4	5	6	7	8	9	10	11	12
大戟科麻疯树属	变叶珊瑚花	209	1	2	3	4	5	6	7	8	9	10	11	12
大戟科血桐属	血桐	121	1	2	3	4	5	6	7	8	9	10	11	12
冬青科冬青属	铁冬青	21	1	2	3	4	5	6	7	8	9	10	11	12
豆科刺桐属	鸡冠刺桐	91	1	2	3	4	5	6	7	8	9	10	11	12
豆科蝶豆属	蝶豆	251	1	2	3	4	5	6	7	8	9	10	11	12
豆科番泻决明属	双荚决明	153	1	2	3	4	5	6	7	8	9	10	11	12
豆科凤凰木属	凤凰木	89	1	2	3	4	5	6	7	8	9	10	11	12
豆科金合欢属	大叶相思	123	1	2	3	4	5	6	7	8	9	10	11	12
豆科金合欢属	台湾相思	125	1	2	3	4	5	6	7	8	9	10	11	12
豆科金合欢属	马占相思	127	1	2	3	4	5	6	7	8	9	10	11	12
豆科决明属	腊肠树	129	1	2	3	4	5	6	7	8	9	10	11	12
豆科番泻决明属	黄槐决明	145	1	2	3	4	5	6	7	8	9	10	11	12
豆科落花生属	蔓花生	171	1	2	3	4	5	6	7	8	9	10	11	12
豆科南洋楹属	南洋楹	275	1	2	3	4	5	6	7	8	9	10	11	12

科 属	中文种名	页 码	花 期											
豆科羊蹄甲属	红花羊蹄甲	181	1	2	3	4	5	6	7	8	9	10	11	12
豆科羊蹄甲属	洋紫荆	183	1	2	3	4	5	6	7	8	9	10	11	12
豆科云实属	金凤花	55	1	2	3	4	5	6	7	8	9	10	11	12
豆科朱缨花属	朱缨花	95	1	2	3	4	5	6	7	8	9	10	11	12
豆科紫檀属	紫檀	131	1	2	3	4	5	6	7	8	9	10	11	12
豆科紫藤属	紫藤	253	1	2	3	4	5	6	7	8	9	10	11	12
杜鹃花科杜鹃花属	锦绣杜鹃	215	1	2	3	4	5	6	7	8	9	10	11	12
杜英科杜英属	毛果杜英	7	1	2	3	4	5	6	7	8	9	10	11	12
杜英科杜英属	水石榕	9	1	2	3	4	5	6	7	8	9	10	11	12
番荔枝科鹰爪花属	鹰爪花	173	1	2	3	4	5	6	7	8	9	10	11	12
凤仙花科凤仙花属	凤仙花	111	1	2	3	4	5	6	7	8	9	10	11	12
凤仙花科凤仙花属	苏丹凤仙花	221	1	2	3	4	5	6	7	8	9	10	11	12
旱金莲科旱金莲属	旱金莲	77	1	2	3	4	5	6	7	8	9	10	11	12
禾本科簕竹属	青皮竹	313	1	2	3	4	5	6	7	8	9	10	11	12
红木科红木属	红木	189	1	2	3	4	5	6	7	8	9	10	11	12
夹竹桃科钉头果属	钝钉头果	25	1	2	3	4	5	6	7	8	9	10	11	12
夹竹桃科狗牙花属	狗牙花	35	1	2	3	4	5	6	7	8	9	10	11	12
夹竹桃科黄蝉属	黄蝉	159	1	2	3	4	5	6	7	8	9	10	11	12
夹竹桃科黄蝉属	软枝黄蝉	161	1	2	3	4	5	6	7	8	9	10	11	12
夹竹桃科黄花夹竹桃属	黄花夹竹桃	139	1	2	3	4	5	6	7	8	9	10	11	12
夹竹桃科鸡蛋花属	鸡蛋花	5	1	2	3	4	5	6	7	8	9	10	11	12
夹竹桃科鸡骨常山属	糖胶树	3	1	2	3	4	5	6	7	8	9	10	11	12
夹竹桃科夹竹桃属	夹竹桃	205	1	2	3	4	5	6	7	8	9	10	11	12
夹竹桃科马利筋属	马利筋	73	1	2	3	4	5	6	7	8	9	10	11	12
夹竹桃科长春花属	长春花	219	1	2	3	4	5	6	7	8	9	10	11	12
姜科山姜属	艳山姜	47	1	2	3	4	5	6	7	8	9	10	11	12
金缕梅科檵木属	红花檵木	207	1	2	3	4	5	6	7	8	9	10	11	12
锦葵科非洲芙蓉属	非洲芙蓉	195	1	2	3	4	5	6	7	8	9	10	11	12
锦葵科吉贝属	美丽异木棉	177	1	2	3	4	5	6	7	8	9	10	11	12

科 属	中文种名	页 码	花 期											
锦葵科木棉属	木棉	87	1	2	3	4	5	6	7	8	9	10	11	12
锦葵科木槿属	朱槿	99	1	2	3	4	5	6	7	8	9	10	11	12
锦葵科木槿属	木芙蓉	191	1	2	3	4	5	6	7	8	9	10	11	12
锦葵科木槿属	木槿	193	1	2	3	4	5	6	7	8	9	10	11	12
锦葵科苹婆属	苹婆	13	1	2	3	4	5	6	7	8	9	10	11	12
锦葵科苘麻属	金铃花	59	1	2	3	4	5	6	7	8	9	10	11	12
菊科蟛蜞菊属	南美蟛蜞菊	169	1	2	3	4	5	6	7	8	9	10	11	12
爵床科黄脉爵床属	黄脉爵床	157	1	2	3	4	5	6	7	8	9	10	11	12
爵床科金苞花属	金苞花	37	1	2	3	4	5	6	7	8	9	10	11	12
爵床科蓝花草属	蓝花草	247	1	2	3	4	5	6	7	8	9	10	11	12
爵床科芦莉草属	大花芦莉	105	1	2	3	4	5	6	7	8	9	10	11	12
爵床科山牵牛属	山牵牛	249	1	2	3	4	5	6	7	8	9	10	11	12
莲科莲属	莲	229	1	2	3	4	5	6	7	8	9	10	11	12
楝科米仔兰属	米仔兰	165	1	2	3	4	5	6	7	8	9	10	11	12
龙胆科灰莉属	灰莉	155	1	2	3	4	5	6	7	8	9	10	11	12
罗汉松科罗汉松属	罗汉松	287	1	2	3	4	5	6	7	8	9	10	11	12
旅人蕉科鹤望兰属	鹤望兰	71	1	2	3	4	5	6	7	8	9	10	11	12
旅人蕉科旅人蕉属	旅人蕉	311	1	2	3	4	5	6	7	8	9	10	11	12
马鞭草科假连翘属	假连翘	245	1	2	3	4	5	6	7	8	9	10	11	12
马鞭草科马缨丹属	马缨丹	65	1	2	3	4	5	6	7	8	9	10	11	12
马鞭草科马缨丹属	蔓马缨丹	199	1	2	3	4	5	6	7	8	9	10	11	12
美人蕉科美人蕉属	大花美人蕉	107	1	2	3	4	5	6	7	8	9	10	11	12
母草科蝴蝶草属	蓝猪耳	225	1	2	3	4	5	6	7	8	9	10	11	12
木兰科含笑属	白兰	11	1	2	3	4	5	6	7	8	9	10	11	12
木兰科含笑属	含笑花	149	1	2	3	4	5	6	7	8	9	10	11	12
木兰科木兰属	二乔玉兰	179	1	2	3	4	5	6	7	8	9	10	11	12
木犀科木犀属	木犀	147	1	2	3	4	5	6	7	8	9	10	11	12
木犀科素馨属	茉莉花	31	1	2	3	4	5	6	7	8	9	10	11	12
南洋杉科南洋杉属	异叶南洋杉	307	1	2	3	4	5	6	7	8	9	10	11	12

科 属	中文种名	页 码	花 期											
葡萄科地锦属	异叶地锦	333	1	2	3	4	5	6	7	8	9	10	11	12
漆树科杧果属	杧果	143	1	2	3	4	5	6	7	8	9	10	11	12
漆树科人面子属	人面子	15	1	2	3	4	5	6	7	8	9	10	11	12
千屈菜科萼距花属	细叶萼距花	203	1	2	3	4	5	6	7	8	9	10	11	12
千屈菜科千屈菜属	千屈菜	227	1	2	3	4	5	6	7	8	9	10	11	12
千屈菜科石榴属	石榴	103	1	2	3	4	5	6	7	8	9	10	11	12
千屈菜科虾子花属	虾子花	57	1	2	3	4	5	6	7	8	9	10	11	12
千屈菜科紫薇属	大花紫薇	185	1	2	3	4	5	6	7	8	9	10	11	12
千屈菜科紫薇属	紫薇	201	1	2	3	4	5	6	7	8	9	10	11	12
茜草科龙船花属	王龙船花	61	1	2	3	4	5	6	7	8	9	10	11	12
茜草科玉叶金花属	红纸扇	163	1	2	3	4	5	6	7	8	9	10	11	12
茜草科长隔木属	长隔木	63	1	2	3	4	5	6	7	8	9	10	11	12
茄科曼陀罗属	木本曼陀罗	19	1	2	3	4	5	6	7	8	9	10	11	12
茄科夜香树属	夜香树	151	1	2	3	4	5	6	7	8	9	10	11	12
茄科番茉莉属	大花鸳鸯茉莉	243	1	2	3	4	5	6	7	8	9	10	11	12
秋海棠科秋海棠属	四季海棠	223	1	2	3	4	5	6	7	8	9	10	11	12
桑科波罗蜜属	波罗蜜	257	1	2	3	4	5	6	7	8	9	10	11	12
桑科波罗蜜属	面包树	259	1	2	3	4	5	6	7	8	9	10	11	12
桑科榕属	榕树	261	1	2	3	4	5	6	7	8	9	10	11	12
桑科榕属	高山榕	263	1	2	3	4	5	6	7	8	9	10	11	12
桑科榕属	垂叶榕	265	1	2	3	4	5	6	7	8	9	10	11	12
桑科榕属	印度榕	267	1	2	3	4	5	6	7	8	9	10	11	12
桑科榕属	菩提树	269	1	2	3	4	5	6	7	8	9	10	11	12
莎草科莎草属	风车草	327	1	2	3	4	5	6	7	8	9	10	11	12
山龙眼科银桦属	银桦	133	1	2	3	4	5	6	7	8	9	10	11	12
石蒜科水鬼蕉属	水鬼蕉	39	1	2	3	4	5	6	7	8	9	10	11	12
石蒜科水仙属	水仙	41	1	2	3	4	5	6	7	8	9	10	11	12
石蒜科文殊兰属	文殊兰	43	1	2	3	4	5	6	7	8	9	10	11	12
石蒜科文殊兰属	红花文殊兰	233	1	2	3	4	5	6	7	8	9	10	11	12

科属	中文种名	页码	花期											
石蒜科朱顶红属	朱顶红	75	1	2	3	4	5	6	7	8	9	10	11	12
使君子科诃子属	小叶榄仁	279	1	2	3	4	5	6	7	8	9	10	11	12
使君子科使君子属	使君子	113	1	2	3	4	5	6	7	8	9	10	11	12
睡莲科萍蓬草属	萍蓬草	167	1	2	3	4	5	6	7	8	9	10	11	12
苏铁科苏铁属	苏铁	309	1	2	3	4	5	6	7	8	9	10	11	12
桫椤科桫椤属	桫椤	285	1	2	3	4	5	6	7	8	9	10	11	12
桃金娘科番石榴属	番石榴	17	1	2	3	4	5	6	7	8	9	10	11	12
桃金娘科番樱桃属	红果仔	29	1	2	3	4	5	6	7	8	9	10	11	12
桃金娘科红千层属	垂枝红千层	93	1	2	3	4	5	6	7	8	9	10	11	12
桃金娘科蒲桃属	蒲桃	273	1	2	3	4	5	6	7	8	9	10	11	12
桃金娘科蒲桃属	水翁蒲桃	271	1	2	3	4	5	6	7	8	9	10	11	12
藤黄科藤黄属	菲岛福木	137	1	2	3	4	5	6	7	8	9	10	11	12
天南星科龟背竹属	龟背竹	323	1	2	3	4	5	6	7	8	9	10	11	12
天南星科花烛属	花烛	331	1	2	3	4	5	6	7	8	9	10	11	12
天南星科喜林芋属	春羽	329	1	2	3	4	5	6	7	8	9	10	11	12
无患子科荔枝属	荔枝	277	1	2	3	4	5	6	7	8	9	10	11	12
无患子科栾树属	复羽叶栾树	141	1	2	3	4	5	6	7	8	9	10	11	12
五加科鹅掌柴属	澳洲鸭脚木	283	1	2	3	4	5	6	7	8	9	10	11	12
五加科鹅掌柴属	斑叶鹅掌藤	317	1	2	3	4	5	6	7	8	9	10	11	12
五桠果科五桠果属	大花五桠果	135	1	2	3	4	5	6	7	8	9	10	11	12
西番莲科西番莲属	鸡蛋果	49	1	2	3	4	5	6	7	8	9	10	11	12
仙人掌科昙花属	昙花	27	1	2	3	4	5	6	7	8	9	10	11	12
苋科青葙属	鸡冠花	235	1	2	3	4	5	6	7	8	9	10	11	12
蝎尾蕉科蝎尾蕉属	金嘴蝎尾蕉	325	1	2	3	4	5	6	7	8	9	10	11	12
杨柳科柳属	垂柳	281	1	2	3	4	5	6	7	8	9	10	11	12
野牡丹科光荣树属	巴西野牡丹	211	1	2	3	4	5	6	7	8	9	10	11	12
鸢尾科巴西鸢尾属	巴西鸢尾	45	1	2	3	4	5	6	7	8	9	10	11	12
鸢尾科鸢尾属	射干	69	1	2	3	4	5	6	7	8	9	10	11	12
芸香科九里香属	九里香	33	1	2	3	4	5	6	7	8	9	10	11	12

科　属	中文种名	页　码	花　期											
竹芋科再力花属	再力花	231	1	2	3	4	5	6	7	8	9	10	11	12
紫草科基及树属	基及树	23	1	2	3	4	5	6	7	8	9	10	11	12
紫茉莉科叶子花属	叶子花	213	1	2	3	4	5	6	7	8	9	10	11	12
紫葳科吊灯树属	吊灯树	83	1	2	3	4	5	6	7	8	9	10	11	12
紫葳科哈德木属	黄花风铃木	117	1	2	3	4	5	6	7	8	9	10	11	12
紫葳科火烧花属	火烧花	53	1	2	3	4	5	6	7	8	9	10	11	12
紫葳科火焰树属	火焰树	85	1	2	3	4	5	6	7	8	9	10	11	12
紫葳科蓝花楹属	蓝花楹	241	1	2	3	4	5	6	7	8	9	10	11	12
紫葳科猫尾木属	毛叶猫尾木	119	1	2	3	4	5	6	7	8	9	10	11	12
紫葳科炮仗藤属	炮仗花	79	1	2	3	4	5	6	7	8	9	10	11	12
紫葳科蒜香藤属	蒜香藤	237	1	2	3	4	5	6	7	8	9	10	11	12
棕榈科王棕属	王棕	293	1	2	3	4	5	6	7	8	9	10	11	12
棕榈科刺葵属	加拿利海枣	299	1	2	3	4	5	6	7	8	9	10	11	12
棕榈科假槟榔属	假槟榔	291	1	2	3	4	5	6	7	8	9	10	11	12
棕榈科蒲葵属	蒲葵	289	1	2	3	4	5	6	7	8	9	10	11	12
棕榈科霸王棕属	霸王棕	295	1	2	3	4	5	6	7	8	9	10	11	12
棕榈科椰子属	椰子	301	1	2	3	4	5	6	7	8	9	10	11	12
棕榈科油棕属	油棕	297	1	2	3	4	5	6	7	8	9	10	11	12
棕榈科棕竹属	棕竹	315	1	2	3	4	5	6	7	8	9	10	11	12

植物名中文索引

六画

七画

八画

九画

十画

十一画

十二画

十三画

参考文献

[1] 中国科学院中国植物志编辑委员会. 中国植物志 [M]. 北京：科学出版社，1959—2004:1-80.

[2] 深圳市中国科学院仙湖植物园. 深圳植物志 [M]: 第 2 卷，第 3 卷. 北京：中国林业出版社，2012.

[3] 深圳市人民政府城市管理办公室，深圳市梧桐山风景区管理处，深圳市城市管理科学研究所，中国科学院华南植物园. 梧桐山植物 [M]. 北京：中国林业出版社，2003.

[4] 邢福武，周远松，龚友夫，张永夏. 深圳市七娘山郊野公园植物资源与保护 [M]. 北京：中国林业出版社，2004.

[5] 邢福武，曾庆文，谢左章. 广州野生植物 [M]. 武汉：华中科技大学出版社，2011.

[6] 张天麟. 园林树木 1600 种 [M]. 北京：中国建筑工业出版社，2010.

[7] 刘延江. 园林观赏花卉 [M]. 沈阳：辽宁科学技术出版社，2007.

[8] 徐晔春. 观花植物 1000 种图鉴 [M]. 长春：吉林科学技术出版社，2009.

[9] 朱根发，徐晔春，操君喜. 岭南春季花木 [M]. 北京：中国农业出版社，2014.

[10] 朱根发，徐晔春，操君喜. 岭南夏季花木 [M]. 北京：中国农业出版社，2014.

[11] 朱根发，徐晔春，操君喜. 岭南秋季花木 [M]. 北京：中国农业出版社，2014.

[12] 朱根发，徐晔春，操君喜. 岭南冬季花木 [M]. 北京：中国农业出版社，2014.

[13] 肖林，韦桂峰，胡韧. 广州周边常见植物识别图谱 400 例 [M]. 北京：中国环境出版社，2013.

[14] 中国科学院昆明植物研究所. 中国植物物种信息数据库：http://db.kib.ac.cn/eflora/View/plant/Default.aspx.

编委

图书在版编目（C I P）数据

草木深圳．都市篇 / 深圳市城市管理局，深圳市林业局主编．—深圳：深圳出版社，2017.3（2024.6重印）
ISBN 978-7-5507-1823-4

Ⅰ．①草… Ⅱ．①深… ②深… Ⅲ．①植物—介绍—深圳 Ⅳ．① Q948.526.53

中国版本图书馆 CIP 数据核字 (2024) 第 091942号

草木深圳·都市篇
CAOMU SHENZHEN DUSHIPIAN

出 品 人　聂雄前
责任编辑　张绪华　陈　军
责任技编　梁立新
装帧设计　深圳市越众文化传播有限公司
监　　制　南兆旭

出版发行　深圳出版社
地　　址　深圳市彩田南路海天综合大厦 7-8 层（518033）
网　　址　www.htph.com.cn
订购电话　0755-83460397（批发）0755-83460239（邮购）
印　　刷　深圳市新联美术印刷有限公司
开　　本　787mm × 1092mm　1/16
印　　张　23.5
字　　数　29 万字
版　　次　2017 年 3 月第 1 版
印　　次　2024 年 6 月第 7 次
定　　价　150.00 元

四季海棠
Begonia cucullata Willd.

蓝猪耳
Torenia fournieri Linden. ex E.Fourn.

千屈菜
Lythrum salicaria L.

莲
Nelumbo nucifera Gaertn.

再力花
Thalia dealbata Fraser ex Roscoe

红花文殊兰
Crinum × amabile Donn ex Ker Gawl.

鸡冠花
Celosia cristata L.

蒜香藤
Mansoa alliacea (Lam.) A.H.Gentry

蓝花楹
Jacaranda mimosifolia D. Don

大花鸳鸯茉莉
Brunfelsia pauciflora (Cham. et Schltdl.) Benth.

假连翘
Duranta erecta L.

蓝花草
Ruellia brittoniana Leonard

山牵牛
Thunbergia grandiflora Roxb.

蝶豆
Clitoria ternatea L.

紫藤
Wisteria sinensis (Sims) Sweet

波罗蜜
Artocarpus heterophyllus Lam.

面包树
Artocarpus communis J. R. Forster et G. Forster

榕树
Ficus microcarpa L. f.

高山榕
Ficus altissima Blume

垂叶榕
Ficus benjamina L.

印度榕
Ficus elastica Roxb.

菩提树
Ficus religiosa L.

水翁蒲桃
Syzygium nervosum A.Cunn. ex DC.

蒲桃
Syzygium jambos (L.) Alston

南洋楹
Falcataria moluccana (Miq.) Barneby et J. W. Grimes

荔枝
Litchi chinensis Sonn.

小叶榄仁
Terminalia mantaly H.Perrier

垂柳
Salix babylonica L.

澳洲鸭脚木
Schefflera actinophylla (Endl.) Harms

桫椤
Cyathea corcovadensis (Raddi) Domin

狗牙花
Tabernaemontana divaricata (L.) R.Br. ex Roem. et Schult.

金苞花
Pachystachys lutea Nees

水鬼蕉
Hymenocallis littoralis (Jacq.) Salisb.

水仙
Narcissus tazetta var. *chinensis* M.Roem.

文殊兰
Crinum asiaticum var. *sinicum* (Roxb.ex Herb.) Baker

巴西鸢尾
Neomarica gracilis (Herb.) Sprague

艳山姜
Alpinia zerumbet (Pers.) B.L.Burtt et R. M.Sm.

鸡蛋果
Passiflora edulis Sims

火烧花
Mayodendron igneum (Kurz) Kurz

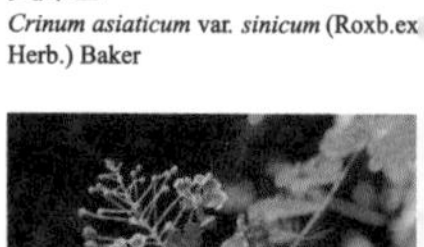

金凤花
Caesalpinia pulcherrima (L.) Sw.

虾子花
Woodfordia fruticosa (L.) Kurz

金铃花
Abutilon pictum (Gillies ex Hook. et Arn.) Walp.

王龙船花
Ixora casei 'Super King'

长隔木
Hamelia patens Jacq.

马缨丹
Lantana camara L.

冬红
Holmskioldia sanguinea Retz.

射干
Iris domestica (L.) Goldblatt et Mabb.

鹤望兰
Strelitzia reginae Banks

马利筋
Asclepias curassavica L.

朱顶红
Hippeastrum striatum (Lam.) H. E. Moore

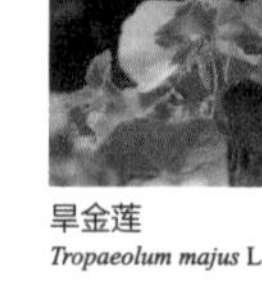

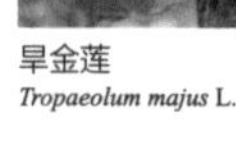

旱金莲
Tropaeolum majus L.

炮仗花
Pyrostegia venusta (Ker-Gawl.) Miers

吊灯树
Kigelia africana (Lam.) Benth.

火焰树
Spathodea campanulata Beauv.

木棉
Bombax ceiba L.

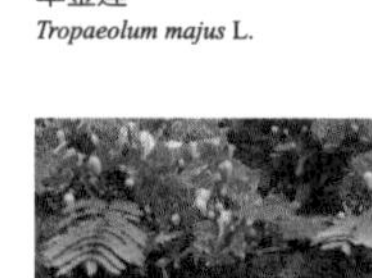

凤凰木
Delonix regia (Hook.) Raf.

鸡冠刺桐
Erythrina crista-galli L.

垂枝红千层
Callistemon viminalis (Sol.ex Gaertn.) G.Don

朱缨花
Calliandra haematocephala Hassk.

铁海棠
Euphorbia milii Des Moul.

朱槿
Hibiscus rosa-sinensis L.

赪桐
Clerodendrum japonicum (Thunb.) Sweet

石榴
Punica granatum L.

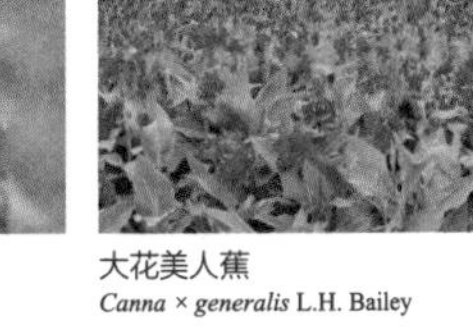

大花芦莉
Ruellia elegans Poir.

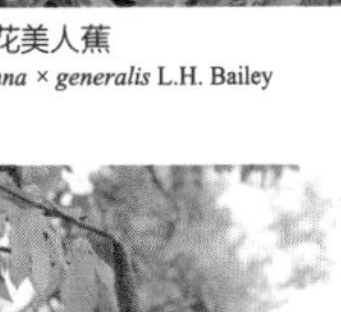

大花美人蕉
Canna × *generalis* L.H. Bailey

一串红
Salvia splendens Sellow ex Roem. et Schult.

凤仙花
Impatiens balsamina L.

使君子
Quisqualis indica L.

黄花风铃木
Handroanthus chrysanthus (Jacq.) S.O.Grose

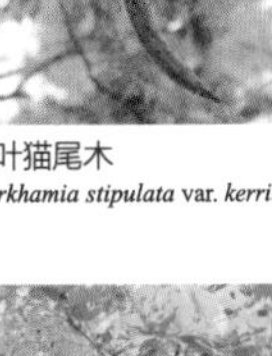

毛叶猫尾木
Markhamia stipulata var. *kerrii* Sp

血桐
Macaranga tanarius (L.) Müll. Arg.

大叶相思
Acacia auriculiformis Benth.

台湾相思
Acacia confusa Merr.

马占相思
Acacia mangium Willd.

腊肠树
Cassia fistula L.

紫檀
Pterocarpus indicus Willd.

银桦
Grevillea robusta A. Cunn. ex R. Br.

大花五桠果
Dillenia turbinata Finet et Gagnep.

菲岛福木
Garcinia subelliptica Merr.

黄花夹竹桃
Thevetia peruviana (Pers.) K. Sch

复羽叶栾树
Koelreuteria bipinnata Franch.

杧果
Mangifera indica L.

黄槐决明
Senna surattensis (Burm. f.) Irwin et Barneby

木犀
Osmanthus fragrans Lour.

含笑花
Michelia figo (Lour.) Spreng.

夜香树
Cestrum nocturnum L.

双荚决明
Senna bicapsularis (L.) Roxb.

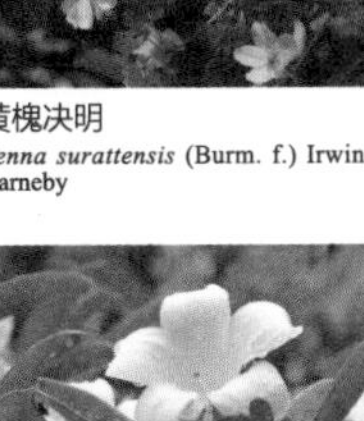

灰莉
Fagraea ceilanica Thunb.

黄脉爵床
Sanchezia oblonga Ruiz et Pav.

黄蝉
Allamanda schottii Pohl

软枝黄蝉
Allamanda cathartica L.

红纸扇
Mussaenda erythrophylla Schumach.et Thonn.

米仔兰
Aglaia odorata Lour.

萍蓬草
Nuphar pumila (Timm) DC.

南美蟛蜞菊
Sphagneticola trilobata (L.) Pruski

蔓花生
Arachis pintoi Krapov.et W.C.Greg.

鹰爪花
Artabotrys hexapetalus (L.f.) Bhandari

美丽异木棉
Ceiba speciosa (A.St.-Hil.) Ravenna

二乔玉兰
Magnolia x soulangeana Thiéb.-Bern.

红花羊蹄甲
Bauhinia × *blakeana* Dunn

洋紫荆
Bauhinia variegata L.

大花紫薇
Lagerstroemia speciosa (L.) Pers.

阳桃
Averrhoa carambola L.

红木
Bixa orellana L.

木芙蓉
Hibiscus mutabilis L.

木槿
Hibiscus syriacus L.

非洲芙蓉
Dombeya wallichii (Lindl.) K.Schum.

尖齿臭茉莉
Clerodendrum lindleyi Decne. ex Planch.

蔓马缨丹
Lantana montevidensis (Spreng.) Briq.

紫薇
Lagerstroemia indica L.

细叶萼距花
Cuphea hyssopifolia Kunth

夹竹桃
Nerium oleander L.

红花檵木
Loropetalum chinense var. *rubrum* Yieh

变叶珊瑚花
Jatropha integerrima Jacq.

巴西野牡丹
Tibouchina semidecandra (Mart.et Schrank ex DC.) Cogn.

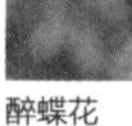

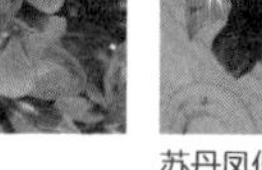

叶子花
Bougainvillea spectabilis Willd.

锦绣杜鹃
Rhododendron × *pulchrum* Sweet

醉蝶花
Tarenaya hassleriana (Chodat) Iltis

长春花
Catharanthus roseus (L.) G. Don

苏丹凤仙花
Impatiens walleriana Hook. f.

深圳园林植物 160 种

糖胶树
Alstonia scholaris (L.) R.Br.

鸡蛋花
Plumeria rubra 'Acutifolia'

毛果杜英
Elaeocarpus rugosus Roxb.

水石榕
Elaeocarpus hainanensis Oliv.

白兰
Michelia × *alba* DC.

苹婆
Sterculia monosperma Vent.

人面子
Dracontomelon duperreanum Pierre

番石榴
Psidium guajava L.

木本曼陀罗
Brugmansia candida Pers.

铁冬青
Ilex rotunda Thunb.

基及树
Carmona microphylla (Lam.) G. Don

钝钉头果
Gomphocarpus physocarpus E. Mey.

昙花
Epiphyllum oxypetalum (DC.) Haw.

红果仔
Eugenia uniflora L.

茉莉花
Jasminum sambac (L.) Aiton

九里香
Murraya exotica L.

罗汉松
Podocarpus macrophyllus (Thunb.) Sweet

蒲葵
Livistona chinensis (Jacq.) R.Br. ex Mart.

假槟榔
Archontophoenix alexandrae (F. Muell.) H. Wendl. et Drude

王棕
Roystonea regia (Kunth.) O. F. Cook

霸王棕
Bismarckia nobilis Hildebr. et H.Wendl.

油棕
Elaeis guineensis Jacq.

加拿利海枣
Phoenix canariensis Chabaud

椰子
Cocos nucifera L.

落羽杉
Taxodium distichum (L.) Rich.

池杉
Taxodium distichum var. imbricarium (Nutt.) Croom

异叶南洋杉
Araucaria heterophylla (Salisb.) Franco

苏铁
Cycas revoluta Thunb.

旅人蕉
Ravenala madagascariensis Sonn.

青皮竹
Bambusa textilis McClure

棕竹
Rhapis excelsa (Thunb.) Henry

斑叶鹅掌藤
Schefflera arboricola 'Variegata'

变叶木
Codiaeum variegatum (L.) Rumph. ex A.Juss.

红背桂
Excoecaria cochinchinensis Lour.

龟背竹
Monstera deliciosa Liebm.

金嘴蝎尾蕉
Heliconia rostrata Ruiz et Pav.

风车草
Cyperus involucratus Rottb.

春羽
Philodendron bipinnatifidum Schott ex Endl.

花烛
Anthurium andraeanum Linden ex Andre

异叶地锦
Parthenocissus dalzielii Gagnep.